NATURWUNDER ERDE

Markus Mauthe Jürgen Paeger

GREENPEACE

KNESEBECK

Wasser

Vorwort 4
Karte 6
Einführung 8

Fluss 14

See 26

Ozean 38

Polareis 50

Gletschereis 62

Gestein

Gebirge 76

Wüste 88

Wald

Tropischer Regenwald 102

Gemäßigter Regenwald 114

Borealer Nadelwald 126

Grasland

Savanne 140

Steppe 152

Tundra 164

Feuchtgebiete 176

Die Zukunft in unserer Hand 188

Taten statt Warten! Greenpeace: die Kampagnen 192

Vorwort

Die Vielfalt, Schönheit und Zerbrechlichkeit der Erde stehen im Mittelpunkt dieses Bildbandes. Für sein drittes Greenpeace-Fotoprojekt wagte sich Naturfotograf Markus Mauthe erneut in die entlegensten Winkel dieser Erde mit dem Ziel, die Wunder der natürlichen Lebensräume zu zeigen. Erstmals tauchte er sogar unter die Meeresoberfläche und bewies sein Können in der Unterwasserfotografie. In Zeiten des Klimawandels sind viele natürliche Lebensräume mit großen Veränderungen konfrontiert; exemplarisch hält Markus Mauthe deren Schönheit und Zerbrechlichkeit fotografisch fest.

Greenpeace setzt sich als unabhängige und weltweit engagierte Umweltschutzorganisation für den Schutz der natürlichen Lebensräume ein, deckt Umweltverbrechen auf und benennt die dafür verantwortlichen Firmen und Politiker. Erfolgreich übt Greenpeace weltweit unter anderem Druck auf Abnehmer von Papier aus, für dessen Herstellung die letzten Regenwälder Indonesiens in Plantagen umgewandelt werden. Die Zerstörung dieser Regenwälder vernichtet den Lebensraum von Menschen und Tieren und führt dazu, dass zum Beispiel Orang-Utan und Sumatra-Tiger akut vom Aussterben bedroht sind.

Auch für den Meeresschutz kämpft Greenpeace. Im Pazifischen Ozean machen Fischereifirmen gnadenlos Jagd auf die letzten Thunfischbestände, oft illegal. Dabei werden Tausende anderer Meerestiere mitgefangen und getötet. Dies wiederum beeinträchtigt die Fänge der lokalen Fischer oft massiv und gefährdet die Versorgung der regionalen Bevölkerung. Auf seinen Schiffen ist Greenpeace vor Ort in den Weiten des Ozeans und spürt die Täter auf.

Fotos sind für Greenpeace zur Dokumentation und Bewusstmachung der Umweltverbrechen sehr wichtig, etwa das eines toten Delfins, aus dessen Auge eine blutige Träne läuft. Es entstand beim Protest gegen zerstörerische Fischerei im Ärmelkanal. Auch das Luftbild eines ehemals intakten Urwaldes in Russland verdeutlicht den Ernst der Situation. Solche Fotos unterstützen den Wald- oder Meeresschutz visuell.

Markus Mauthes Bilder wirken auf einer ganz anderen Ebene: Sie zeigen dem Betrachter die schönsten Eindrücke des Naturwunders Erde. Begleittexte von Jürgen Paeger erklären die jeweiligen Ökosysteme in ihrer Bedeutung für das Leben auf der Erde und beschreiben Ursachen und Auswirkung ihrer Bedrohung. Die Schattenseiten, also die negativen Folgen des Klimawandels oder die Zerstörung einzigartiger Landschaften und Ökosysteme, beschreibt der Fotograf in einer gleichnamigen Greenpeace Multivisionsshow selbst begleitend in Worten.

Die von Markus Mauthe getroffene Auswahl der bereisten Regionen und Fotos macht zweierlei sehr deutlich: Erstens findet man überall auf der Erde noch wunderschöne und oft sogar intakte Naturlandschaften, trifft beim Reisen in diese meist abgelegenen und schwer zugänglichen Orte häufig auf interessante Bewohner und sieht mit der nötigen Geduld viele Tiere in ihrem natürlichen Lebensraum. Zweitens eint all jene Lebensräume die Gefahr, durch den Menschen zerstört zu werden, sei es durch nicht ökologisch nachhaltige Nutzung der Ressourcen oder durch stumpfe Zerstörung und den weltweit greifbaren Klimawandel.

Mich begeistern Markus Mauthes Fotos. Sie machen mir Mut, mich weiter für den Erhalt einzigartiger natürlicher Lebensräume einzusetzen, von hier aus und vor Ort. Ich hoffe, die Leser dieses Bildbandes fühlen ebenso. Und hoffentlich weckt das Blättern darin neben dem Gefühl des Fernwehs auch die nötige Energie dafür, sich einzumischen und mitzuhelfen bei den zwei dringlichsten Aufgaben unserer Zeit: dem Erhalt der letzten natürlichen Lebensräume und der Abmilderung des Klimawandels.

Oliver Salge
Leiter der Wald- und Meereskampagne
Greenpeace e. V.

Karte

Karte der vorherrschenden Groß-Ökosysteme der Erde. Nicht auf der Karte dargestellt sind Ökosysteme wie Gebirge, Flüsse, Seen und Gletschereis, da diese nicht von ihrer geografischen Lage bestimmt werden.

- Tundra
- Borealer Nadelwald
- Sommergrüne Laubwälder
- Immergrüne Hartlaubwälder
- Gemäßigter Regenwald
- Tropischer Regenwald
- Savanne
- Steppe
- Wüste
- Polareis

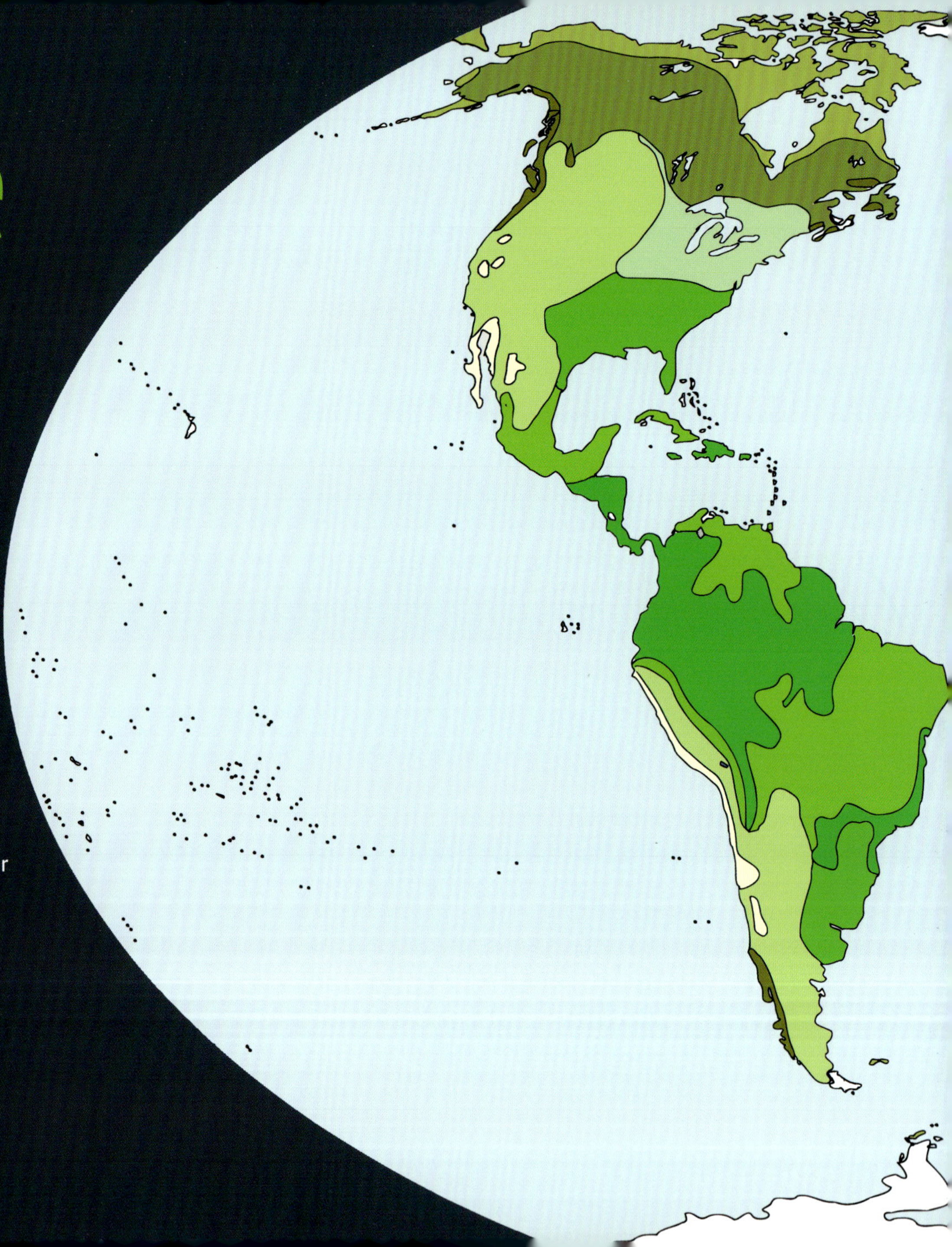

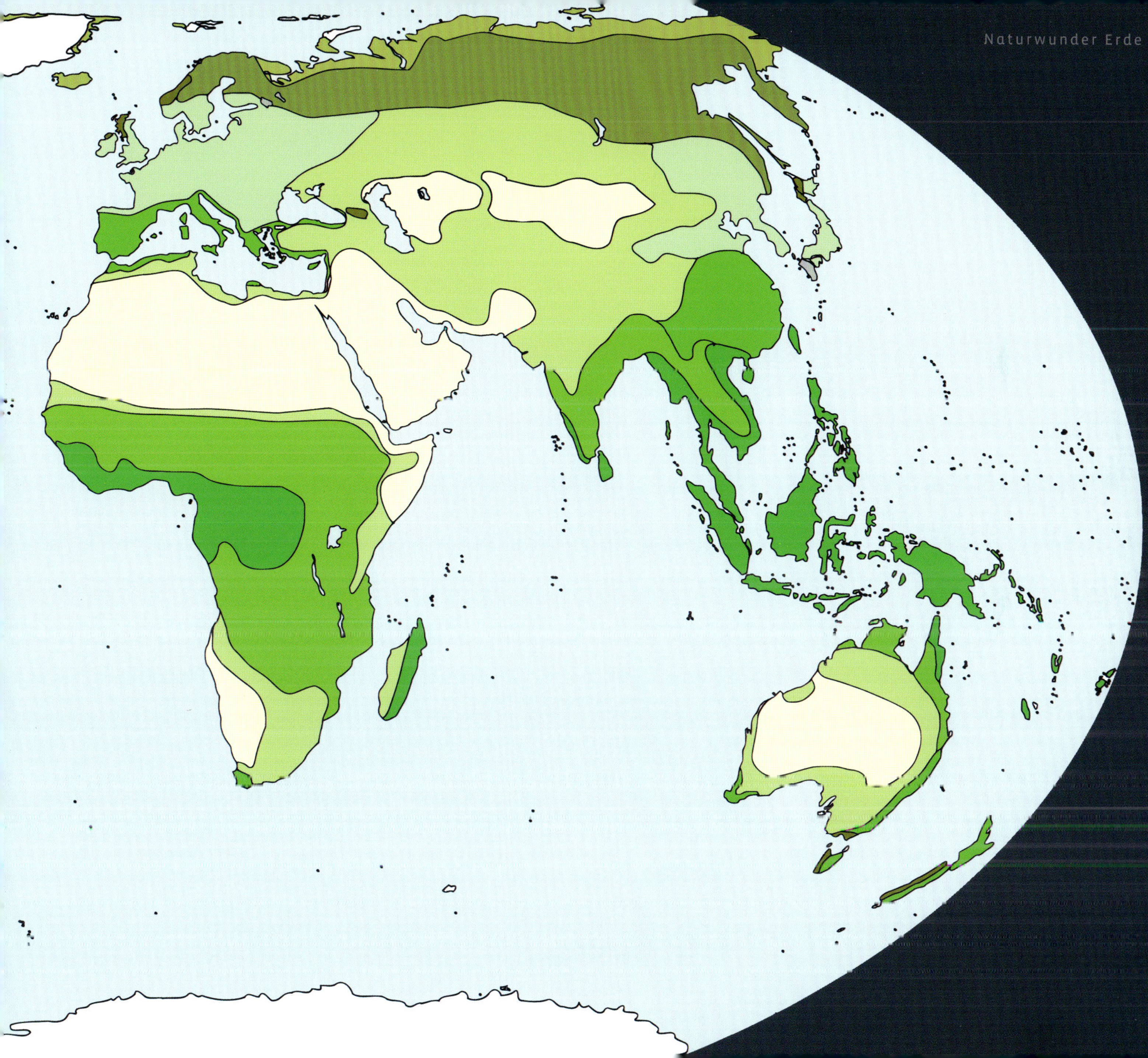

Einführung

Im Dezember 1968 eröffnete sich uns ein ganz neuer Blick auf die Erde: Zum ersten Mal sahen Menschen, die Astronauten der Apollo-8-Mission, die Erde über dem Mond aufgehen. Das NASA-Foto vom »Erdaufgang« wurde weltberühmt. Es machte vielen Menschen klar, dass die Erde in den Weiten des Weltalls etwas ganz Besonderes war: ein blauer Planet, auf dem es Leben gab. Bis heute wurden keine anderen Spuren von Leben im Universum entdeckt. In gewisser Weise ist die Erde also selbst so etwas wie ein Raumschiff, das durch die lebensfeindlichen Weiten des Alls fliegt. Das Bild vom »Raumschiff Erde« wird seither oft gebraucht, wenn es darum geht, an diese Erkenntnis zu erinnern.

Bis dahin war es ein langer Weg. Bereits früh in der 4,5 Milliarden Jahre langen Geschichte der Erde gab es Leben auf diesem Planeten – wie und wann es genau entstanden oder auf die Erde gekommen ist, weiß niemand. Die Erdgeschichte müssen wir weitgehend aus Gestein ablesen, und Leben existiert auf diesem Planeten seit mindestens 3,4 Milliarden Jahren, vielleicht auch schon deutlich länger.

Die längste Zeit war das Leben auf den Ozean beschränkt, aber dort legte es die Basis für die nächste Stufe: Nach der Entstehung der Fotosynthese wurde beständig Sauerstoff freigesetzt. Im Laufe der Zeit stieg der Sauerstoffgehalt rund um die Erde, es entstand die Erdatmosphäre, die heute unser Leben bestimmt. Der Himmel – und die Erde – färbten sich blau. Das Blau entsteht, indem Sauerstoffmoleküle in der Atmosphäre das Sonnenlicht so brechen, dass bevorzugt blaues Licht zur Erde gelangt; das Meer reflektiert dann dieses Licht.

Bis heute wurden keine anderen Spuren von Leben im Universum entdeckt.

Noch wichtiger aber: In der Stratosphäre, in 15 bis 25 Kilometern Höhe, bildete sich eine Ozonschicht, die die energiereiche UV-Strahlung von der Sonne zum großen Teil absorbierte – ohne die Ozonschicht hätte es an Land niemals Leben geben können.

Zunächst ermöglichte der energiereiche Sauerstoff aber die Bildung mehrzelliger Lebewesen, und vor 542 Millionen Jahren begannen diese, Schalen und Panzer aus Kalziumphosphat zu bilden, die zahlreich als Fossilien erhalten blieben. Vor rund 425 Millionen Jahren gab es erste echte Landpflanzen. Den Pflanzen folgten Pilze und Tiere, und 65 Millionen Jahre später bedeckten die Wälder der Karbonzeit die Erde. In den Meeren erlebten die Fische eine Blütezeit. Die Fossilien verraten uns aber auch, dass es in der Geschichte des Lebens immer wieder zu Katastrophen kam, bei denen ein Großteil des Lebens ausstarb – die zu findenden Fossilien sind dann plötzlich andere. Anhand dieser Einschnitte teilen Geologen die Geschichte der Erde in Ären, Perioden und Epochen ein. Die bekannteste Katastrophe ereignete sich vor 65 Millionen Jahren und führte zum Aussterben der Dinosaurier. Ausgelöst wurde sie durch einen Meteoriteneinschlag.

Die großen Gewinner des Dinosauriersterbens damals waren die Säugetiere und die Blütenpflanzen. Von dieser Zeit an entwickelten sich deren Vielfalt und die Ökosysteme, wie

wir sie heute kennen. Ökosysteme sind Lebensgemeinschaften von Tieren und Pflanzen, die voneinander und von ihrer unbelebten Umwelt (wie dem Boden und dem Klima) abhängen. Auf der Erde gibt es eine Reihe von Groß-Ökosystemen, die wir in diesem Buch vorstellen (es fehlen nur die Hartlaubwälder des Mittelmeerraumes und die sommergrünen Wälder der gemäßigten Breiten, die ausführlich in dem ebenfalls von Markus Mauthe fotografierten Buch »Europas wilde Wälder« präsentiert werden). Meist wird die Ausbildung dieser Lebensräume vom Klima bestimmt, gelegentlich, etwa im Gebirge oder in Gewässern, aber auch von anderen Faktoren. Diese und alle anderen wesentlichen Merkmale werden bei den jeweiligen Großlebensräumen unter dem Titel **Das Ökosystem** beschrieben. Ökosysteme stehen aber nicht alleine, sondern in vielfältiger Beziehung zueinander. Gemeinsam bilden sie daher das übergeordnete »Ökosystem Erde«. Die besondere Bedeutung jedes einzelnen Ökosystems für die Erde in ihrer Gesamtheit stellen wir entsprechend unter der Rubrik **Bedeutung für das Ökosystem Erde** dar.

Alle großen Ökosysteme sind inzwischen massiv vom Menschen verändert und beeinflusst.

Während sich die Ökosysteme bildeten, schritt die Evolution von Tieren und Pflanzen voran. Auch die Entwicklung von Menschenaffen und unserer eigenen Gattung *Homo*, des Menschen, nahm ihren Lauf. Der moderne Mensch, *Homo sapiens*, entstand vor 200 000 Jahren in Ostafrika, vor etwa 70 000 Jahren begann er dann, sich über Afrika hinaus auf der Erde auszubreiten. Er erreichte Australien vor 50 000 Jahren, Europa vor 45 000 Jahren, Nordamerika vor spätestens 15 000 Jahren, die pazifische Inselwelt vor 2500 Jahren – und betrat den Mond im Jahr 1969 (bei Apollo 8 im Jahr zuvor war er nur umrundet worden). Wir hatten eine Technologie entwickelt, mit der ein paar Menschen für kurze Zeit im Weltraum überleben konnten. Der Blick aus dem Weltraum auf die »prachtvolle Oase in der riesigen Wüste des Weltalls« (wie Astronaut James Lovell es ausdrückte) machte aber auch deutlich, welch dünne, sensible Schicht das Leben auf der Erde ist. In den 1970er-Jahren begann eine starke Umweltbewegung in Nordamerika, Europa und Japan unseren Umgang mit der Erde zu hinterfragen. Sie konnte dabei auf eine bereits lange Tradition des Naturschutzes aufbauen und öffnete vielen Menschen die Augen für »neue« Themen wie die Luft- und Wasserverschmutzung in den Industrieländern. Wenige Jahre später zeigte sich jedoch, dass die Probleme nicht nur regional, sondern global waren: Das Ozonloch über der Antarktis oder der fortschreitende Klimawandel betrafen die ganze Welt.

Wir haben die Macht, etwas zu verändern – die Zukunft liegt in unseren Händen.

Alle großen Ökosysteme – auch das zeigt dieses Buch – sind inzwischen massiv vom Menschen verändert und beeinflusst. Dadurch gefährden wir jedoch unsere eigene Lebensgrundlage. Nach wie vor hängen wir nämlich auf Gedeih und Verderb von funktionsfähigen natürlichen Ökosystemen ab. Es steht in unserer Macht, diese Grundlage zu zerstören, aber auch, sie wirksam zu schützen. Mögen die folgenden Bilder und Texte dazu motivieren. Anregungen dazu, wie das geht, finden sich jeweils in den Abschnitten **Was wir für das Ökosystem tun können**, weitere Überlegungen dann in dem Kapitel **Die Zukunft in unserer Hand.**

ASSER

Die Iguazú-Wasserfälle liegen im Dreiländereck Brasilien, Argentinien und Paraguay. Sie wurden von der UNESCO zum Welterbe ernannt.

Fluss

Flüsse sind auf dem Festland fließende Gewässer; über Flüsse wird das Wasser, das als Niederschlag auf das Land fällt und nicht vom Boden oder von Lebewesen aufgenommen wird, wieder abtransportiert. Die Flüsse der Erde enthalten zu jeder Zeit etwa 2120 km^3 Wasser, über das Jahr transportieren sie rund 36 000 km^3 Wasser ins Meer. Dieser schnelle Wasseraustausch führt zu einer Wasserbewegung, die die Lebensräume kennzeichnet. Diese sind vielfältig, sie umfassen typischerweise die Quellregion, eine Gebirgsbachzone und eine Zone des Tieflandflusses. Zu ihnen gehört aber auch die Ufervegetation, etwa die flussbegleitenden Auenwälder. Mehr als die Hälfte aller großen Flusssysteme der Erde wurden allerdings durch Flussbegradigungen und den Bau von Staudämmen tief greifend verändert.

In den Flüssen lebende Mikroorganismen bauen organische Substanz ab und reinigen so das Wasser.

Die Flüsse sind auch ein wertvoller Lebensraum für Vögel und Säugetiere.

Das Ökosystem Die Quelle eines Flusses kann austretendes Grundwasser, in den Bergen aber auch Schmelzwasser sein. In kalten Gletscherbächen leben höchstens Algen, in den Grundwasserquellen dagegen viele kleine Quelltiere, ihre Umgebung ist oft mit Quellmoosen bewachsen. Auch in den anschließenden Gebirgsbächen mit kaltem Wasser und schneller Strömung leben keine großen Pflanzen, sondern auf Steinen wachsende Algen und Wassermoose. Die Bachforelle mit ihrer strömungsgünstigen Körperform jagt Insekten und andere kleine Wassertiere, die sich oft an Steine heften oder im strömungsgeschützten »Totwasser« dahinter leben.

In den Mittelgebirgen haben Bäche und Flüsse weniger Gefälle, daher können sich auch breitere Täler mit bach- oder flussbegleitenden Auen ausbilden. Auenwälder beschatten die kleineren Bäche, in denen Flusskrebse leben können. Auch größere Wasserpflanzen können sich in diesen Gewässern halten – ihr Gewirr bietet, wie auch das Bach- bzw. Flussbett, vielen Insektenlarven einen Lebensraum. In flacheren Bereichen, vor allem aber im Flachland beginnen Bäche und Flüsse sich zu winden. Bei Hochwasser können weite Bereiche der Talauen überflutet werden. Damit halten die Auen Hochwasser zurück, außerdem laichen in ihnen viele Fischarten.

Die Flüsse des Tieflands werden nach den in ihnen lebenden Fischarten unterteilt. In Mitteleuropa sind die kennzeichnenden Arten Barben, Brachsen sowie Kaulbarsch und Flunder. Letztere leben bereits im Mündungsbereich, wo unter Einfluss von Ebbe und Flut Brackwasser entsteht. Die Flüsse sind auch ein wertvoller Lebensraum für Vögel und Säugetiere. In Mitteleuropa leben an Bergbächen etwa Eisvogel und Wasseramsel, an Tieflandflüssen Flussregenpfeifer und Uferschwalben. Fast ausgerottet sind hier heute Fischotter und Biber, die wichtigsten Säugetiere unserer Flüsse.

Bedeutung für das Ökosystem Erde Flüsse verbinden die verschiedenen Wasservorkommen der Erde: Wasser, das

Links: Der Amazonas ist ein Weißwasserfluss. Die ihn umgebenden Flutungswälder stehen in der Regenzeit unter Wasser. Diese Waldform nennt man Várzea.

Oben: Das Wasser an den großen Strömen fließt nur sehr langsam, daher spiegelt sich die Vegetation in wunderbarer Symmetrie.

Ein Schwarzwasserfluss schlängelt sich durch den Igapó (Überschwemmungswald), der ein Teil des Amazonas-Tropenwaldes ist.

Rechts: Die Anavilhanas sind eines der größten Flussinsel-Archipele der Welt. Der Rio Negro ist an dieser Stelle über 20 Kilometer breit.

DER WASSERKREISLAUF DER ERDE

Von den 1,4 Milliarden km³ Wasser auf der Erde sind mehr als 97 Prozent Salzwasser, vor allem im Ozean (und darunter als Grundwasser). 38,5 Millionen km³ sind Süßwasser. Davon sind zwei Drittel im Polar- und Gletschereis gebunden und ein knappes Drittel als Grundwasser, von dem ein großer Teil als »tiefes Grundwasser« vom Wasserkreislauf abgeschnitten ist. Leicht zugänglich im Boden, in Flüssen und Seen, in Lebewesen und der Atmosphäre sind nur 144 000 km³ Süßwasser. In Verbindung zum Ozean stehen diese über die 434 000 km³ Wasser, die jährlich aus dem Ozean verdampfen und sich mit den 71 000 km³ Wasser mischen, die auf dem Festland verdampfen. Über dem Festland fallen jedes Jahr 107 000 km³ Niederschlag als Schnee und Regen, in der Summe werden also durch den Wind 36 000 km³ Wasser vom Meer als Süßwasser auf das Festland transportiert – das ist auch die Menge, die dann von den Flüssen wieder in die Meere zurückgebracht wird.

Da Wasser beim Verdampfen auch viel Energie speichert, die beim Kondensieren zu Wassertropfen wieder freigesetzt wird, wird beim Transport von Wasserdampf auch viel »versteckte« Energie bewegt – der Wasserkreislauf verteilt also auch Sonnenwärme über die Erde. Ohne ihn wäre der Temperaturunterschied zwischen Tropen und Polarzonen noch deutlich größer.

Oben, Mitte und links: **Die Wassermassen des Iguazú-Flusses stürzen bei den gleichnamigen Wasserfällen auf einer Länge von knapp drei Kilometern bis zu 90 Meter in die Tiefe. Der das Naturwunder umgebende Nationalpark schützt verbliebene Reste des Mata Atlantica-Waldes.**

über der Landoberfläche oder den Meeren verdampft ist und als Niederschlag aus der Atmosphäre auf das Land fällt, als Schnee oder Eis gespeichert wird oder im Boden versickert, wird irgendwann von den Flüssen davongetragen und letztendlich ins Meer zurückgebracht. Die Flüsse speichern und verteilen also Wasser auf dem Festland und spielen damit eine wesentliche Rolle im Wasserkreislauf der Erde. Als Lebensraum mit ganz eigenen Umweltbedingungen – ihrer Strömung – tragen sie zudem erheblich zur biologischen Vielfalt der Erde bei.

Flüsse und der Mensch Die Geschichte der Menschheit ist untrennbar mit den Flüssen verbunden. Die älteste bekannte menschliche Siedlung, Jericho, wurde vor 9000 Jahren am Westufer des Jordan erbaut. Der erste Staat der Erde entstand in Mesopotamien, dem »Land zwischen den Flüssen«

(Euphrat und Tigris). Die Bewässerung der Felder mit Flusswasser erlaubte die Entstehung einer ertragreichen Landwirtschaft. Ob im Niltal, am Indus, am Hwangho und Yangtze in China – frühe Zivilisationen entstanden an Flüssen. Früh begann der Mensch hier auch, die Flüsse umzugestalten: Bereits vor 4900 Jahren wurde am Nil Wasser umgeleitet, in China wurden schon vor mehr als 2000 Jahren über 30 Meter hohe Dämme errichtet, und die indischen Bewässerungsanlagen aus der Mogulzeit flößten selbst den britischen Kolonialherren noch Respekt ein. Auch als Transportweg wurden Flüsse seit der Antike genutzt.

Ob im Niltal, am Indus, am Hwangho und Yangtze in China – frühe Zivilisationen entstanden an Flüssen.

Aber erst die technischen Möglichkeiten, die mit der industriellen Revolution entstanden, sollten die Flüsse tief greifend verändern. Spektakulär war etwa die »Rheinkorrektur«: Zwischen 1817 und 1876 wurde der gesamte Oberrhein eingedeicht und in ein festes Flussbett gezwängt. Damit sollten Hochwasser verhindert

Oben und rechts: **Der Rio da Prata (Silberfluss) trägt seinen Namen zu recht. In seinem Quelltopf wird Grundwasser durch Kalkstein gepresst. Der karstige Untergrund filtert das Wasser, sodass es kristallklar ist.**

und eine Schifffahrtsstraße geschaffen werden. Geschützt von den Deichen konnten neue Städte entstehen. Der begradigte Oberrhein war 100 km kürzer als der frühere wilde Fluss. Dadurch erhöhte sich jedoch die Fließgeschwindigkeit, und der Fluss schnitt sich tiefer in die Landschaft ein. Dieser Prozess wurde erst gestoppt, als im 20. Jahrhundert Staustufen zur Stromerzeugung gebaut wurden. In die ursprünglichen Auen kann aber auch hier kein Wasser mehr fließen – Hochwasser laufen daher flussabwärts immer höher auf. Auch anderswo wurden durch Staudämme ganze Flusslandschaften umgestaltet. Den Anfang dieser Entwicklung macht 1935 die Hoover-Talsperre am Colorado River, USA. Der Assuan-Staudamm im Nil oder, aktuell, der Drei-Schluchten-Damm in China sind die bekanntesten der über 45 000 großen Staudämme, die seither gebaut wurden. Weit über die Hälfte der großen Flusssysteme der Erde wurde durch Staudämme verändert.

Staudämme waren nach der Kolonialzeit oft Prestigeprojekte. Nehru, der erste indische Ministerpräsident, bezeichnete sie als »Tempel des modernen Indien«.

Die Umformung der Flüsse hatte Folgen: Viele große Flüsse führen in Trockenzeiten heute kaum noch Wasser zur Mündung – etwa Nil, Ganges und Hwangho. Arme Bauern wurden vom kostenlosen Hochwasser und seinem düngenden Schlamm abgeschnitten. Die Gewinne am Oberlauf gleichen diese Verluste nicht aus. Die meisten Staudämme liefern zudem weniger Strom und weniger Wasser, als bei ihrem Bau versprochen wurde. Und Hochwasserschutz, so wissen wir heute, kann ohne Auen nicht funktionieren. Dennoch wird weiterhin massiv in den Verlauf der Flüsse eingegriffen: China beispielsweise baut aktuell acht Dämme durch den Mekong.

Zumindest in den reichen Industrieländern ist wenigstens die Verschmutzung des Flusswassers zurückgegangen. Das ist ein Erfolg der Umweltbewegung, die unter anderem vom Brand des schwer verschmutzten Cuyahoga Rivers (Ohio, USA) im Jahr 1969 ausgelöst wurde. In den Entwicklungs- und Schwellenländern ist dieses Problem aber nach wie vor akut:

Links: **Trotz trüben Wassers ein intakter Lebensraum für zahlreiche Fische.**

Rechts: **Am Zusammenfluss des Rio Negro und des Amazonas treffen zwei unterschiedliche Wassertypen aufeinander.**

In China sind 80 Prozent der großen Flüsse so belastet, dass keine Fische mehr darin leben, an ihren Ufern liegen »Krebsdörfer« – so genannt, weil hier viele Menschen vorzeitig an Krebs sterben. Auch der heilige Ganges in Indien ist eine offene Kloake. Oft sind es Unternehmen aus Industriestaaten oder ihre Zulieferer, die das Wasser vergiften, aber auch Phosphor und Stickstoff aus dem Kunstdünger der Landwirtschaft tragen zur Belastung der Flüsse bei.

Im Einzugsgebiet des Mekong leben 60 Millionen Menschen direkt oder indirekt vom Fischfang.

Was wir für die Flüsse tun können Wasser wird nur dann auf Dauer ausreichend und in guter Qualität zur Verfügung stehen, wenn wir den natürlichen Wasserkreislauf erhalten. Für die Flüsse heißt das: Wir müssen die Wälder in ihren Einzugsgebieten schützen, die Wasser aufnehmen und speichern und uns so vor Fluten schützen. Wir müssen die Auenwälder erhalten und wieder herstellen, um Hochwasser nicht flussabwärts auflaufen zu lassen. Wir müssen Ackerbau auf ungeeigneten (steilen) Flächen vermeiden, um Erosion und Eintrag von Schlamm in die Gewässer zu verringern.

Dass viele Flüsse zeitweise kein Wasser mehr führen, liegt zum größten Teil an der Landwirtschaft: Mehr als zwei Drittel des gesamten Wasserverbrauchs der Menschheit fließen in diese Richtung. Vor allem in trockenen Ländern muss bewässert werden, viel Wasser geht dabei aber durch Verdunstung verloren. Effizientere Methoden wie die Tröpfchenbewässerung (Wasser wird tröpfchenweise aus Schläuchen direkt an die Wurzeln abgegeben) könnten den Wasserverbrauch hier deutlich vermindern. Im Reisanbau kann er durch gezielteres Wassermanagement und den Anbau von Trockenreissorten reduziert werden. Oft könnte Regenwasser das Flusswasser ersetzen; wenn es, wie in trockenen Regionen Chinas (wieder) praktiziert, im Keller der Häuser oder, wie in Indien, in Monsunteichen gespeichert oder durch Erdwälle gehalten wird, steht es auch in der Trockenzeit noch zur Verfügung. Auch die Industrie kann ihren Wasserverbrauch (etwa durch Kreislaufführung) weiter verringern, vor allem aber muss sie ihr Abwasser gründlich von Stoffen befreien, die nicht in natürliche Ökosysteme gehören.

Die neue Wasserethik: »Mit dem Strom schwimmen« heißt, den Flüssen ihr Wasser zurückgeben (Fred Pearce).

Staudämme dienen auch der Gewinnung erneuerbarer, klimaneutraler Energie. Dieses Ziel wird verfehlt, wenn die Vegetation einfach überflutet wird und verrottet, denn dadurch entstehen mitunter mehr Treibhausgase (Kohlendioxid und Methan) als durch den Betrieb eines Kohlekraftwerks. Was zu beachten ist, um Staudämme wirklich nachhaltig zu nutzen, hat eine Weltstaudammkommission schon 2001 festgelegt: keine Staudämme in besonders wertvollen Ökosystemen, keine Bewässerung, die zur Bodenversalzung führt, und Staudammbau nur mit Beteiligung und Zustimmung der lokalen Bevölkerung. Für bestehende Staudämme muss eine Mindestabflussmenge festgelegt werden, um die Flussökosysteme zu erhalten.

Nicht nur immer neue Rekordhochwasser beweisen, dass Flüsse sich nicht dauerhaft zähmen lassen. Es wäre also sinnvoller, natürliche Auenwälder und andere Überschwemmungsflächen zu erhalten und wiederherzustellen.

Der Baikalsee hat eine Uferlänge von über 2000 Kilometern. Olchon, deren Ufer an vielen Stellen steil abfallen, ist mit 72 Kilometern Länge die größte Insel im See.

See

Ein See ist ein stehendes Gewässer auf dem Festland, das so tief ist, dass sich in ihm eine mehr oder weniger stabile Temperaturschichtung entwickelt – das bedeutet eine Wassertiefe von mindestens acht bis zehn Metern. (Weitere stehende Gewässer sind die flacheren Weiher, die gelegentlich austrocknenden Tümpel und die vom Menschen angelegten Teiche.) Wenn Seen mit Fließgewässern verbunden sind, ist der Zu- und Abfluss klein im Vergleich zur Wassermenge im See. Die meisten Seen enthalten Süßwasser, es gibt aber auch Salzwasser-, Brackwasser- und Sodaseen. Bei einem typischen Süßwassersee gibt es eine Tiefenwasserzone und einen Uferbereich mit Unterwasserpflanzen und Schwimmblattgürtel, am Seeufer bildet ein Schilfgürtel den Übergang zum Festland.

Der Baikalsee enthält etwa 23 000 km³ Wasser, ein Viertel allen in Seen vorkommenden Wassers.

Bei seinem starken Wachstum braucht das Plankton praktisch alle Nährstoffe im See auf – und beendet damit sein eigenes Wachstum.

Das Ökosystem Seen sind »azonale« Lebensräume. Ihr Vorkommen ist nicht von den Klimazonen der Erde abhängig, sondern sie entstehen da, wo Bodenvertiefungen und ausreichender Wasserzufluss die Ansammlung von Wasser ermöglichen. Manche Seen, zum Beispiel die Großen Seen Nordamerikas, gehen auf die Eiszeiten zurück – Gletscherschmelzwasser blieb in Vertiefungen zurück, die die Gletscher ausgeformt hatten. Andere, zum Beispiel der Baikalsee oder die Seen des Ostafrikanischen Grabenbruchs, entstanden durch tektonisch bedingte Risse in der Erdoberfläche.

Die für Seen charakteristische Temperaturschichtung kommt dadurch zustande, dass im Sommer Sonnenstrahlung die oberen Wasserschichten erwärmt und der Wind dafür sorgt, dass diese durchmischt werden und dadurch etwa gleich warm bleiben. Darunter folgt eine nicht mehr vom Wind bewegte »Sprungschicht«, in der die Temperatur rasch abnimmt. Noch tiefer sinkt die Temperatur gleichmäßig, in großen Tiefen bis auf 4 °C. Nur in tropischen Seen bleibt diese Temperaturschichtung das ganze Jahr erhalten, in unseren gemäßigten Breiten löst sich die Sprungschicht durch Herbststürme und im Frühjahr auf, im Winter dreht sich die Temperaturschichtung unter dem Eis um.

Sonnenlicht erwärmt nicht nur die oberen Schichten der Seen, sondern ist die Energiequelle für alles Leben darin. In der oberen, lichtdurchfluteten Zone lebt das »Phytoplankton«, im Wasser schwebende pflanzliche Mikroorganismen wie Grün- oder Kieselalgen. Phytoplankton ist im Sommer der Hauptproduzent pflanzlicher Biomasse. Abgestorbenes Plankton sinkt nach unten und transportiert damit Nährstoffe in das dunkle Tiefenwasser (aus dem sie in den Seen gemäßigter Breiten die Herbst- und Frühjahrszirkulationen wieder nach oben bringen). Im Tiefwasserbereich kommen höhere Pflanzen nur in der Form von Schwimmpflanzen vor. In den flache-

Links und oben: **Die Vegetation auf der Insel Olchon ist eine Mischung aus Steppe und borealem Kiefern- und Lärchenwald, die im Oktober in goldgelben Tönen erstrahlt.**

Oben: **Die Inselgruppe der Uschkanji ragt etwa in der geografischen Mitte des 673 Kilometer langen Baikalsees aus dem Wasser.**

Mitte: **Der Zabajkalski-Nationalpark schützt die Wildnis auf der Halbinsel Swjatoi Nos, die auf Grund ihrer Form auch »Heilige Nase« genannt wird.**

Rechts: **Für die auf Olchon lebenden Burjaten ist diese Landzunge von spiritueller Bedeutung. Sie ist auch als »Schamanenfelsen« bekannt.**

ren Uferbereichen mit mehr Licht am Boden bilden sich dagegen auch eine Unterwasserpflanzenzone und ein Schwimmblattgürtel (etwa mit Teich- und Seerosen) aus, bevor der Schilfgürtel den Übergang zum Festland bildet.

Das Phytoplankton der Seen ernährt das tierische Plankton – teils direkt, indem tierische Mikroorganismen wie Wasserflöhe und Ruderfußkrebschen das Phytoplankton fressen, teils indirekt, indem die algenfressenden Tierchen von anderen Planktonarten verspeist werden. Das Plankton wird von Jungfischen und anderen, größeren Tieren gefressen. So entsteht eine Nahrungskette vom Phytoplankton bis zum Speisefisch. Die Tierwelt von Seen kann sehr artenreich sein. Berühmt ist zum Beispiel die Vielfalt an Buntbarschen in den Seen des ostafrikanischen Grabenbruchs. Diese Vielfalt ernährt auch

viele Menschen, am Tanganjikasee etwa versorgen 45 000 Fischer rund eine Million Menschen. Aber nicht nur der Mensch lebt von der Tierwelt der Seen. Sie ernährt auch die einzige nur im Süßwasser lebende Robbenart, die im Baikalsee lebende Baikalrobbe, und zahlreiche Raubvögel, etwa den Seeadler. Insekten, Teichmolche, Frösche und Vögel finden im Schilfgürtel am Ufer zahllose Lebensräume.

Allein im Malawisee leben 1200 Arten von Buntbarschen.

Bedeutung für das Ökosystem Erde In den Süßwasserseen der Erde sind rund 91 000 km³ Wasser gespeichert. Das sind etwa zwei Drittel des nutzbaren Süßwassers der Erde. Aber es wird nicht nur gespeichert: Die Schilfgürtel um die Seen funktionieren wie riesige Kläranlagen – die Pflanzen transportieren große Mengen Sauerstoff zu ihren Wurzeln, und der schafft dort gute Lebensbedingungen für Bakterien, die das Wasser säubern. Da die Seen über ihre Zu- und Abläufe mit dem Wasserkreislauf der Erde verbunden sind, helfen sie, das Wasser im gesamten Kreislauf sauber zu halten.

Seen und der Mensch Schon die frühen Jäger und Sammler haben ihre Lager gern an

Diese Bilder entstanden auf den Uschkanji-Inseln. Sie stehen heute unter Naturschutz und sind in einem erfreulich intakten Zustand. Das Treibgut, das hier angeschwemmt wird, ist in den allermeisten Fällen organischer Natur, und das Wasser ist glasklar.

DER SEE ALS MODELL FÜR EIN ÖKOSYSTEM

Seen sind (bis auf die Sonneneinstrahlung) nahezu geschlossene Ökosysteme. An ihnen kann man die ökologischen Beziehungen gut nachvollziehen. Am Anfang der Nahrungskette stehen Produzenten, die mit Sonnenlicht als Energiequelle anorganische Materie in organische Substanz umwandeln. In einem See sind dies das Phytoplankton und die Wasserpflanzen. Von den Produzenten leben Konsumenten erster Ordnung (etwa die Wasserflöhe), die wiederum Konsumenten zweiter Ordnung ernähren (z. B. Mücken- oder Gelbrandkäferlarven). Diese können Konsumenten dritter Ordnung (etwa Fische) ernähren, die ihrerseits Nahrung für weitere Konsumenten (Raubfische oder Vögel) sein können. Werden diese – etwa Raubfische wie Hechte – vom Menschen gegessen, kommt ein weiterer Konsument hinzu. So erklärt sich das Wort »Nahrungskette«. Ausscheidungen und tote Lebewesen werden von Destruenten (»Zersetzern«, in Seen zumeist im Seeboden lebende Bakterien) abgebaut, organische Substanz dabei wieder in ihre anorganischen Bestandteile zerlegt. Wenn in einem See wichtige Nährstoffe wie Stickstoff oder Phosphate im Wasser verbraucht sind, wird das Wachstum des Phytoplanktons hierdurch begrenzt und mit zeitlicher Verzögerung auch das der Konsumenten. Je nach Nährstoffgehalt werden verschiedene »Trophiestufen« unterschieden, von Stufe I (nährstoffarm) bis Stufe IV (»überdüngt«, extrem nährstoffreich).

Oben und rechts: **In den letzten Herbsttagen werden die von Bäumen gesäumten Ufer des Baikalsees immer wieder mit Regenschauern und Stürmen überzogen. Dramatische Wolkenformationen und vereinzelte Sonnenstrahlen erzeugen ständig wechselnde Reflexionen auf der Wasserfläche.**

Seen aufgeschlagen, wo es immer genug Wasser gab. Wasser lockte außerdem Wild an und ermöglichte den Fischfang. Auch für die ersten sesshaften Menschen waren Seen ähnlich wie Flüsse attraktive Siedlungsgebiete, da mit dem Wasser Felder bewässert werden konnten. So lebten zum Beispiel rund um die Großen Seen Nordamerikas vor Ankunft der Europäer 60 000 bis 120 000 Indianer vom Anbau von Mais, Kürbissen, Bohnen und Tabak sowie Fischerei und der Jagd in den umliegenden Wäldern. Aber erst die industrielle Revolution gefährdete die Seen. Die Großen Seen Nordamerikas etwa wurden mit Städten wie Chicago, Detroit und Toronto zu einem dicht bevölkerten Zentrum der industriellen Entwicklung Nordamerikas. Für die Versorgung der Städte wurden Wälder abgeholzt und Felder angelegt. Boden und Nährstoffe wurden in die Seen gespült und düngten diese. Für Seen kann das vermehrte Wachstum von Plankton jedoch ein Problem werden: Wenn die Organismen absterben, nimmt durch den Sauerstoffverbrauch der Abbauprozesse der Sauerstoffgehalt im Wasser mitunter so stark ab, dass die Fische sterben.

Da die Seen über ihre Zu- und Abläufe mit dem Wasserkreislauf der Erde verbunden sind, helfen sie, das Wasser im gesamten Kreislauf sauber zu halten.

Die entstehende Papierindustrie verschmutzte das Wasser mit Sägemehl (dessen Abbau ebenfalls Sauerstoff verbraucht), Chemikalien und Schwermetallen wie Quecksilber. Industrieabwässer, die mit Giften wie PCBs belastet waren, wurden direkt in die Seen oder ihre Zuflüsse geleitet. Die Fische litten: 1889 erreichte die Fischerei mit 74 000 Tonnen den höchsten Ertrag, danach begann er zu sinken. Arten wie die Amerikanische Seeforelle kommen heute nur noch im Oberen See in bedeutender Menge vor, der einst häufige Blaue Glasaugenbarsch ist ganz ausgestorben. Nach dem Zweiten Weltkrieg brachten chemische Dünger und Pestizide neue Gefahren: Die Überdüngung mit Stickstoff und Phosphaten verstärkte sich, der Einsatz von DDT schädigte vor allem die Raubvögel

Links: **Ust-Barguzin ist ein kleiner Ort am Ufer des Baikalsees. Von hier aus kann man zu Wanderungen aufbrechen.**

Rechts: **Folgt man den Pfaden im Zabajkalski-Nationalpark bergaufwärts, wird man mit großartigen Ausblicken belohnt.**

am Ende der Nahrungskette – darunter den Weißkopfseeadler, den Wappenvogel der USA.

Heute hat die Verschmutzung der Seen auch weit abgelegene Teile der Erde erreicht: In den Titicacasee hoch in den Anden werden Abwässer aus der Leder- und Holzindustrie eingeleitet, Schwermetalle und andere Gifte aus Minen kommen dazu. Der südsibirische Baikalsee wurde durch die Transsibirische Eisenbahn erschlossen. Nach dem Zweiten Weltkrieg wurden auch dort Papier- und Zellstoffwerke aufgebaut – und das zuvor extrem saubere Wasser verschmutzt. Der Baikalsee wird auch durch Kahlschläge der Nadelwälder um den See und den Bau von Datschen am Ufer gefährdet.

Quecksilber in Fischen stellt immer noch eine große Gesundheitsgefährdung dar.

Die Verschmutzung der Großen Seen trug aber auch zur Entstehung der Umweltbewegung bei: Im Jahr 1962 erschien das Buch »Silent Spring« (dt. »Der stumme Frühling«), mit dem die Biologin Rachel Carson auf die Gefahren von DDT für die Vogelwelt, aber auch für den Menschen hinwies – DDT kann Krebs verursachen. Der Riesenerfolg des Buches gilt vielen – neben dem Brand des Cuyahoga River – als Geburtsstunde der Umweltbewegung. 1972 wurde mit dem »Clean Water Act« in den USA ein erstes Gesetz zum Schutz des Wassers

Unbehandeltes Abwasser aus den Städten gefährdete deren Bewohner: 1854 kam es zum Beispiel in Chicago zu einer Choleraepidemie.

erlassen, andere westliche Industrieländer folgten dem Beispiel.

Was wir für die Seen tun können Die Anstrengungen waren erfolgreich: Der Eintrag von Phosphaten in den Eriesee halbierte sich in wenigen Jahren. Der zuvor durch übermäßiges Algenwachstum grüne See wurde wieder blau, und die infolge von Sauerstoffmangel am Ufer liegenden toten Fische gehören der Vergangenheit an. Aber als die für jedermann sichtbaren Schäden erst einmal beseitigt waren, ließen die Anstrengungen oft nach. Dabei waren und sind die Probleme der Seen längst nicht gelöst. Immer noch finden sich beispielsweise in den Großen Seen rund 300 giftige Chemikalien, die oft als mit dem Regen ausgewaschene Luftverschmutzung ins Wasser gelangen. Aufgrund der geringen Zu- und Abflüsse verbleiben einmal eingebrachte Fremdstoffe lange in Seen, und im Sediment einigermaßen ungefährlich abgelagerte Gifte werden wieder aufgewühlt, wenn in großen Seen Häfen und Schifffahrtswege ausgebaggert werden. So stellt Quecksilber in Fischen aus den Großen Seen immer noch eine derartige Gesundheitsgefährdung dar, dass alle Anliegerstaaten zu Begrenzungen des Fischverzehrs raten. Hier und anderswo müssen Seen durch ein integriertes Management geschützt werden, das konkurrierende Interessen am Erhalt der Seen als Lebensraum und Wasserspeicher und an ihrer Nutzung für wirtschaftliche und soziale Zwecke im gesamten Einzugsgebiet berücksichtigt.

Korallenriffe sind für das Zusammenleben von Tieren und Pflanzen von unschätzbarer Bedeutung.

Ozean

Die drei großen Ozeane Atlantik, Indischer Ozean und Pazifik sowie der Arktische Ozean und das Südpolarmeer bilden ein durch Meeresströmungen verbundenes, riesiges Ökosystem, das 70 Prozent der Erdoberfläche bedeckt und an der tiefsten Stelle über 11 000 (und durchschnittlich rund 3700) Meter tief ist. Das Leben im Meer wird durch die Verfügbarkeit von Nährstoffen bestimmt. Reiche Lebensräume finden sich an der Küste, wo Flussmündungen etwa Wattenmeer und Mangrovenwälder mit Nährstoffen versorgen, und überall, wo aufsteigende Meeresströmungen diese liefern. Extrem artenreich sind auch tropische Korallenriffe. Offene tropische Meere dagegen gleichen oft einer artenarmen »blauen Wüste«.

Das Salz im Meer stammt vom Festland, es wurde aus Gestein und anderen Oberflächen herausgelöst und ins Meer gespült.

Die Tiefsee umfasst über zwei Drittel der gesamten Biosphäre, ihre Erforschung hat aber gerade erst begonnen.

Das Ökosystem Der weitaus größte Teil der Primärproduktion im Meer geht auf winzige, im Wasser schwebende Pflanzen zurück: das Phytoplankton. Dieses lebt in der oberen, vom Sonnenlicht durchdrungenen Schicht der Ozeane und wächst dort besonders gut, wo es reichlich Nährstoffe gibt: in den flachen Schelfmeeren am Rand der Kontinente und über der Schelfkante, wenn dort nährstoffreiches Wasser aus der Tiefe aufsteigt. Da das Phytoplankton hier auch größer wird, ist es eine lohnende Beute für tierisches Plankton und Fischlarven. Deshalb sind nährstoffreiche Gewässer auch besonders reich an Fischen. Die planktonfressenden Fische ernähren Raubfische, von denen sich wiederum große Räuber wie Thunfische und Haie ernähren. An der Spitze der Nahrungskette stehen große Zahnwale wie der Pottwal. Bartenwale leben direkt von den Planktonschwärmen, die sie aus dem Wasser filtern.

An der produktiven Küste sind sogar unwirtliche Lebensräume wie die Felsenküste in der Gezeitenzone sehr artenreich. Miesmuscheln, Austern, Seepocken, Seeigel und andere leben hier in großer Zahl. Oft ist diese Küste von Kelpwäldern gesäumt. Kelp (Seetang) bietet ebenfalls einer reichen Tierwelt Nahrung. Noch artenreicher sind aber Küsten mit weichem Untergrund: Das Wattenmeer ist die Kinderstube für Garnelen, Krebse und Fische des offenen Meeres und dient vielen Vogelarten als Brut-, Nahrungs- und Rastgebiet; in den Mangrovenwäldern der tropischen Meere schaffen die weit ausladenden Wurzeln der Mangrovenbäume zahlreiche Lebensräume und schützen die Küsten bei tropischen Stürmen. Übertroffen wird die Artenvielfalt der Mangroven nur noch von den tropischen Korallenriffen. Kaum vorstellbar ist, dass diese größten Bauwerke der Erde von nur wenige Millimeter großen Polypen durch Kalkausscheidungen erschaffen wurden. Über 100 000 Arten sind in Korallenriffen bereits beschrieben, und das ist sicher nur ein kleiner Teil der tatsächlichen Artenvielfalt.

Links: Delfine sind von Natur aus neugierig. Dank ihrer Schnauzenform hat man immer den Eindruck, dass sie einen anlächeln.

Oben: Die Korallen schützen Strände vor Erosion und Sturmschäden. Für fast eine Milliarde Menschen sind sie ein wichtiger Teil der Lebensgrundlage, sei es als Proteinquelle oder durch Einnahmen aus dem Tourismus.

Oben: **Schwarmbildung ist für viele Fischarten von unschätzbarem Vorteil. Erscheinen Fressfeinde, ist die Chance, im Schutz der Masse zu überleben, weitaus höher.**

Rechts: **Der Napoleon-Lippfisch ist einer der größten Korallenfische. Er ist vom Aussterben bedroht, da er auf den Fischmärkten Höchstpreise erzielt.**

Ohne den Golfstrom wäre es in Mitteleuropa so unwirtlich wie in Neufundland.

Bedingungen, wie sie in der Frühzeit des Lebens herrschten, findet man dagegen an den Hydrothermalquellen der Tiefsee, wo heißes Wasser aus dem Erdinneren austritt und bei Kontakt mit dem Meerwasser Mineralien ausflocken. Hier leben Bakterien von Schwefelwasserstoff.

Bedeutung für das Ökosystem Erde Wasser speichert Wärme viel besser als Luft, die riesigen Wassermengen der Ozeane fungieren daher als Wärmespeicher der Erde. Die Meeresströmungen transportieren aber auch riesige Wärmemengen von den Tropen in die kalten Regionen der Erde. Ohne den Golfstrom, der nach Schätzungen jedes Jahr 1,3 Milliarden Megawatt an Wärme aus den Tropen in den Nordatlantik befördert, wäre es in Mitteleuropa so unwirtlich wie in Neufundland. Angetrieben werden die Oberflächenströmungen von Winden, bei den Tiefenströmungen wie dem »globalen Förderband«, zu dem der Golfstrom gehört, kommt noch das Absinken dichten, kalten und salzreichen Wassers in den Polarmeeren hinzu.

Noch mehr Wärme wird aber über das Wasser verteilt, das aus dem Meer verdunstet. Die zur Verdunstung notwendige Energie steckt als »latente Energie« im Wasserdampf und wird bei dessen Kondensation, also wenn sich Regentropfen bilden, wieder frei. Warme, feuchte Luft aus den Tropen, die durch den Wind in kältere Regionen geblasen wird, transportiert etwa 80 Prozent der weltweit verteilten Wärme. Davon stammen über 85 Prozent aus dem Meer. Über das verdunstete Wasser ist das Meer außerdem mit dem Wasserkreislauf der Erde verbunden. In der Summe werden jedes Jahr 36 000 km^3 verdunstetes (Süß-)Wasser aus dem Meer auf das Festland transportiert.

Die Ozeane speichern aber nicht nur Wärme, sondern auch 38 000 Gigatonnen Kohlenstoff, vor allem in Form von gelöstem anorganischem Kohlenstoff, etwa als Kohlensäure. Dieser Kohlenstoff und der Kohlendioxidgehalt in der Atmosphäre stehen in einem Gleichgewicht. Die Anpassung ge-

Oben: **Man braucht sicherlich nicht viel Fantasie, um sich hier ein mit Korallen bewachsenes Pony vorzustellen.**

Mitte: **Korallen sind die Kinderstube unzähliger Fischarten. Im weitverzweigten Geflecht von Stein-, Weich- oder Röhrenkorallen finden sie Schutz.**

Rechts: **Der Walhai ist der größte Fisch der Weltmeere. Er ernährt sich von Plankton und Kleinstlebewesen. Diese Riesen sind für den Menschen ungefährlich.**

schieht jedoch sehr langsam, weshalb die Luft bisher viel mehr Kohlendioxid aus fossilen Brennstoffen und der Abholzung von Wäldern aufgenommen hat als das Meer.

In den Ozeanen werden jedes Jahr etwa 80 Millionen Tonnen Fisch, Tintenfisch, Garnelen, Muscheln und Krabben gefangen und weitere 20 Millionen Tonnen gezüchtet. Jeder Mensch isst im Durchschnitt jährlich über 10 Kilogramm Fisch und andere Tiere aus dem Meer. In reichen Ländern gilt Fisch als gesunde Alternative zu übermäßigem Fleischkonsum, für über eine Milliarde Menschen in armen Ländern ist er die wichtigste Proteinquelle.

Neben der Überfischung werden die Meere vor allem durch den Klimawandel bedroht.

Der Ozean und der Mensch Die Fischerei ist so alt wie die Menschheit – im Rift-Valley

wurden 90 000 Jahre alte Harpunen gefunden. Auch die Menschen, die vor 60 000 bis 50 000 Jahren Australien besiedelten, dürften Fischer gewesen sein. Wer sonst wäre in der Lage gewesen, die bis zu 80 km breiten Meeresarme, die Australien damals vom Festland trennten, zu überqueren? Die hohe See wurde aber erst ab Anfang des 18. Jahrhunderts intensiver befischt, als der Grönlandwal vor Spitzbergen selten wurde. Vom

Die Clown-Fische leben in enger Symbiose mit den nicht minder schönen Seeanemonen.

Rechts: Für den Taucher erscheinen Fächerkorallen fast farblos. Auf dem Foto kommt ihre wahre Pracht dagegen voll zur Geltung.

DIE ZERSTÖRUNG DER FISCHGRÜNDE: DER NORDAMERIKANISCHE KABELJAU

Die nährstoffreichen Kontinentalschelfe vor Neufundland und der Ostküste Nordamerikas waren einst die reichsten Fischgründe der Welt. Der Reichtum an Kabeljau hat schon Wikinger und Basken nach Amerika gelockt, bevor der Kontinent (offiziell) entdeckt wurde. In Neuengland rettete der Kabeljau später die Pilgerväter vor dem Verhungern und machte das Land dann zur internationalen Handelsmacht. Niemand konnte sich vorstellen, dass solche Fischgründe jemals zerstört werden könnten. Aber genau dies geschah, als nach dem Zweiten Weltkrieg hier moderne Fischereitechnik Einzug hielt: Zuerst klagten die Küstenfischer, dass die Grundschleppnetze der Hochseefischerei ihnen die Fische wegfingen, und wenige Jahre später waren die einst reichsten Fischgründe der Welt ausgeplündert. 1992 verfügte Kanada die Aussetzung des Kabeljaufangs im nördlichen Atlantik, 1994 vor der gesamten kanadischen Küste. Bisher haben die Bestände sich nicht erholt. Über die Gründe wird gestritten – die Ökologie der Meere ist nicht gut genug bekannt, um eine sichere Antwort zu geben. In Kanada jedoch ist der Kabeljau vom Aussterben bedroht. Auch die Georges Bank, der reichste Fischgrund der USA, musste für die Fischerei gesperrt werden, sie wurde 1996 faktisch zum Meeresschutzgebiet. Hier erholen sich die Bestände ebenfalls nur langsam.

Links: **In nur fünf Meerwasserseen des südpazifischen Inselstaates Palau kommt diese Quallenart vor, die zu den Wurzelmundquallen gezählt wird.**

Rechts: **Nach wie vor werden Jahr für Jahr Millionen Haie aus Profitgier und Aberglaube abgeschlachtet.**

Nordatlantik aus eroberten die Walfänger dann den Südatlantik, später den Pazifik und schließlich die Gewässer um die Antarktis. Verpflegt wurden sie, wie schon die spanischen und portugiesischen Entdecker der Meere, mit getrocknetem Kabeljau. Kabeljau machte Mitte des 16. Jahrhunderts mehr als die Hälfte allen verzehrten Fisches in Europa aus.

1780 wurden erstmals Netze für den Kabeljaufang eingesetzt, 1881 dampfbetriebene, stählerne Trawler eingeführt, und ab 1892 verwendete man das Scherbrettschleppnetz. Solche Grundschleppnetze steigerten den Fischfangertrag, hinterließen jedoch auf dem Meeresboden eine Spur der Verwüstung. Mit der industriellen Revolution waren »fish & chips« in England zu einem Grundnahrungsmittel der Arbeiter geworden, die Erfindung der Eismaschine und der Eisenbahn erleichterten den Transport in die Städte. Nach dem Zweiten Weltkrieg kamen Fabrikschiffe zum Einsatz, Sonargeräte und Aufklärungsflugzeuge halfen ihnen, die Fischschwärme zu finden. Seit einigen Jahren steigt die Fangmenge allem technischen Fortschritt zum Trotz aber nicht mehr, laut Welternährungsorganisation sind 85 Prozent aller Fischgründe vollständig oder übermäßig ausgebeutet, ein knappes Drittel sogar akut gefährdet.

Mit den Fischen verschwindet auch die traditionelle Lebensweise in den Küstenstädten.

Neben der Überfischung werden die Meere vor allem durch den Klimawandel bedroht – die langsame Aufnahme von Kohlendioxid führt durch zunehmenden Kohlensäuregehalt zu einer Versauerung, die die Skelette von Korallen und die Kalkschalen vieler Meerestiere angreift. Weitere Gefährdungen liegen in der Förderung von Erdöl in der Tiefsee – wie der Unfall der Förderinsel *Deepwater Horizon* im Jahr 2010 nachdrücklich zeigte –, auf die die Ölkonzerne angesichts zu Ende gehender Ölvorräte drängen, in der mit Schifffahrt, Öl- und Gasbohrungen und dem Aufstellen von Windkraftanlagen verbundenen Lärmbelastung, die die Kommunikation vieler Meerestiere stört, und in auf dem Meer treibenden Teppichen aus teilzersetztem Plastikmüll, der von Meerestieren gefressen wird, wodurch Schadstoffe in die Nahrungskette gelangen.

Die Meere und die Fischbestände können am besten geschützt werden, wenn sie als Ökosystem geschützt werden.

Was wir für den Ozean tun können Die Meere und die Fischbestände können am besten geschützt werden, wenn sie als Ökosystem geschützt werden. Dazu ist ein Netz von Schutzgebieten notwendig, das mindestens 20 bis 30 Prozent der Meere und zentrale Lebensräume umfasst. Einen Vorschlag für 25 Schutzgebiete in der hohen See hat der Meeresbiologe Callum Roberts für Greenpeace entwickelt. Es beinhaltet beispielsweise Gebiete im Nord- und Südpolarmeer mit ihrem Reichtum an Algen und Krill, das pazifische Äquatorgebiet als Nahrungsgrund für Thunfische, Haie und Wale sowie das patagonische Schelfmeer und die Sargassosee als Kinderstube für Tiefseefische. Greenpeace Deutschland hat Vorschläge für Meeresschutzgebiete in Nord- und Ostsee vorgelegt. In diesen Gebieten sollten der Fischfang und andere umweltgefährdende Aktivitäten, wie die Förderung von Öl und Gas, ganz verboten sein, damit sich die Fischbestände dort regenerieren können. Sehr wahrscheinlich würde der Fischfang außerhalb der Schutzgebiete dann aber ansteigen.

Daher muss auch außerhalb der Schutzgebiete die Verwendung von Grundschleppnetzen in internationalen Gewässern verboten und die Einhaltung von Fischereiquoten besser überwacht werden – mit dem Verzicht auf Subventionen für überdimensionierte Fangflotten ließe sich das leicht finanzieren. Gezüchteter Meeresfisch kann, wenn er aus umwelt- und sozialverträglicher Aquakultur stammt, die Fänge aus dem Meer sinnvoll ergänzen.

Vor den Küsten Südgeorgiens treiben kilometerlange Eisberge. Die fortschreitende Erderwärmung lässt das Eis an den Polen in immer größerem Maße schmelzen und Eisflächen auseinanderbrechen.

Polareis

Ständig mit Eis bedeckte polare Eiswüsten bestimmen fast die gesamte Antarktis, große Teile Grönlands und die nördlichen arktischen Inseln – das sind über 10 Prozent des Festlands. Auch das Nordpolarmeer liegt größtenteils (im Winter vollständig) unter einer Eisdecke. Polare Eiswüsten entstehen, wenn der wärmste Monat im Schnitt höchstens 2 °C warm wird. Dann schmilzt im Sommer weniger Schnee, als im Jahresmittel fällt. In Richtung der Pole gibt es keine Tageszeiten mehr, sondern einen halbjährlichen Wechsel zwischen Polartag und Polarnacht, in der es bis -65 °C kalt werden kann. Die Kälte hat hier eine einzigartige Tier- und Pflanzenwelt entstehen lassen und gleichzeitig dafür gesorgt, dass die Eiswüsten die letzte noch weitgehend unberührte große Wildnis dieser Erde sind.

Da die polaren Eiskappen einen Großteil der Sonnenstrahlung reflektieren, spielen sie eine zentrale Rolle im Wärmehaushalt der Erde.

Die polaren Eiswüsten sind die letzte noch weitgehend unberührte große Wildnis dieser Erde.

Das Ökosystem Auf den ersten Blick wirken die polaren Eiswüsten extrem lebensfeindlich. Auf dem Festland finden tatsächlich nur dort, wo Berggipfel aus dem Eis hervorragen, frostharte Flechten einen Platz zum Leben. In den arktischen Meeren jedoch wimmelt es von Leben. Selbst das Meereis beherbergt mikroskopisch kleine Algen, die auch bei -20 °C nicht einfrieren. Von diesen lebt ein ganzer Kleintierzoo. Vor allem aber tragen sie zur Algenblüte der Polarmeere bei, wenn das Eis im Sommer schmilzt und die Algen freigesetzt werden. Die Algenblüte ernährt das Zooplankton, im Wasser schwebende Kleintiere, zu denen vor allem der aus garnelenähnlichen Krebsen bestehende »Krill« gehört. Der Krill bildet riesige Schwärme, von denen Heringe, Kabeljau und Bartenwale leben. Heringe und Kabeljau werden wiederum von Robben und Zahnwalen gefressen. In der Arktis sind diese schließlich Beute für den Eisbären. Der lauert kleinen Walen, vor allem aber Robben auf Eisschollen oder an Atemlöchern auf, und erwischt sie, wenn sie zum Luftholen auftauchen müssen. Etwas kürzer ist die Nahrungskette in der Antarktis, hier leben Millionen Krabbenfresserrobben direkt vom Krill. An der Spitze der Nahrungskette steht der Seeleopard, eine Robbenart, die mit ihrem gefleckten Fell, aber auch im Verhalten echten Leoparden ähnelt. Die Unberührtheit des antarktischen Festlands schätzen auch viele Vögel, die hier geschützt ihre Eier ausbrüten. Am bekanntesten sind die Pinguine, die ebenfalls von Krill und Fischen leben. Beeindruckend ist insbesondere die Leistung der Kaiserpinguine, die ihre Jungen mitten im antarktischen Winter ausbrüten und dabei Schneestürmen und extremer Kälte trotzen.

Bedeutung für das Ökosystem Erde Die schneebedeckten Eismassen der Polarregionen spielen eine zentrale Rolle als Thermostat der Erde – eine Rolle, die die Wissenschaft erst so richtig zu verstehen beginnt, seit sie sich zur Untersuchung des Klimawandels intensiv mit den globalen Zusam-

Links: **Der Sermeq Kujalleq-Gletscher im Ilulissat-Eisfjord ist einer der produktivsten Gletscher der Nordhalbkugel.**

Oben: **Die Eisschicht in Grönland ist bis zu drei Kilometer dick und so schwer, dass es die Landmasse bis zu 800 Meter nach unten drückt.**

Eines der prominentesten Opfer des Klimawandels ist der Eisbär. Kreisläufe in der Natur werden zerstört, und viele Arten haben keine Chance, sich in so kurzer Zeit anzupassen.

Rechts: **Altes Eis, das von einem Gletscher in Spitzbergen abgebrochen wurde.**

AUF DÜNNEM EIS – DIE ZUKUNFT DES EISBÄREN

In der Arktis leben geschätzte 20 000 bis 25 000 Eisbären. Die besten Jagdbedingungen finden sie auf dem Packeis im Winter, wo sie Robben an deren Atemlöchern erbeuten können. Im offenen Wasser gelingt ihnen das kaum. Im Winter fressen die Tiere sich daher eine Speckschicht an, von der sie in mageren Zeiten im Sommer leben. (Längere Zeit an Land verbringen nur trächtige Weibchen, die eine Geburtshöhle beziehen.)

Dass den Eisbären Gefahr droht, erkannten Forscher zuerst in der kanadischen Hudson Bay: Die Eisbären dort wurden immer kleiner und dünner, und die Weibchen hatten weniger Junge, von denen immer weniger überlebten. Gleichzeitig ging das Meereis zurück. Bald wurde klar, dass beides zusammenhing und Eisbären anderswo das gleiche Problem hatten: Das Packeis wird seltener und dünner und zwingt so die Bären dazu, länger zu fasten. Dünneres Eis wird vom Wind leichter abgetrieben und verlangt von den Bären, längere Strecken zu schwimmen. Zwar sind Eisbären gute Schwimmer, aber das Schwimmen in kalten arktischen Gewässern kostet viel Energie und greift die Speckschicht weiter an. Noch ist die Situation nicht überall kritisch. Auf den kanadischen Arktisinseln und dem nördlichen Grönland gibt es bisher auch im Sommer noch ausreichend Meereis und im flachen Schelfmeer ausreichend Nahrung. Aber der Klimawandel könnte mittelfristig auch das Ende des »Königs der Arktis« bedeuten.

Oben: **Walrosse wurden wegen ihrer Stoßzähne aus Elfenbein in der Vergangenheit gnadenlos bejagt.**

Mitte: **Spitzbergen sind viele kleine Inseln vorgelagert. An mancher Steilküste haben große Vogelkolonien ihre Nistplätze.**

Rechts: **So manche Bucht auf Spitzbergen ist heute gletscherfrei. Riesige Flächen abgeschliffenen Gerölls zeugen von der eisigen Vergangenheit.**

menhängen des Ökosystems Erde beschäftigt. Am einfachsten verstehen kann man die kühlende Wirkung des weißen Schnees: Schnee reflektiert den größten Teil des einfallenden Sonnenlichts, sodass es in den Weltraum zurückgelangt und die Erde nicht erwärmt. Dass diese Reflexion aufgrund des schwindenden arktischen Eises zurückgeht, gilt als Hauptursache für die besonders starken Auswirkungen des Klimawandels auf die Arktis: Hier ist die Temperatur seit 1970 doppelt so stark angestiegen wie im Erddurchschnitt. Komplizierter sind die Wechselwirkungen des Polareises mit den Meeresströmungen. Von den extrem kalten Eismassen der Antarktis fließen eiskalte Winde zum Meer und kühlen das Wasser derart ab, dass im Winter selbst Salzwasser ge-

Seit den 1950er-Jahren ist es in der Arktis um 1,5°C wärmer geworden.

friert. Das gelöste Salz konzentriert sich direkt unter dem Eis, dadurch wird das Wasser schwerer und sinkt auf den Meeresgrund, von wo aus es nach Norden gedrückt wird. Dies ist einer der Antriebe des »globalen Förderbands«, einer weltumspannenden Meeresströmung, die den Temperaturhaushalt der Erde erheblich beeinflusst. Zusätzlichen Schwung erhält diese Meeresströmung in der Arktis, wo kalte Winde von den Eismassen Grönlands das Wasser abkühlen und einen nach Süden fließenden Tiefenstrom entstehen lassen. Die kalten Tiefenströme werden durch warme Oberflächenströmungen verbunden: In den Tropen erwärmtes Wasser wird hier durch Winde angetrieben. Ein Abschnitt dieses globalen Förderbands ist der Golfstrom, der warmes Wasser an die Küsten Nordwesteuropas bringt und dort für mildes Klima sorgt.

In Grönland schmelzen jedes Jahr 200 Milliarden Tonnen Eis.

Wie wichtig dies ist, zeigte sich während der letzten Eiszeit. Die als »Jüngere Dryas« bekannte letzte Kaltzeit wurde vermutlich von abbrechenden Teilen des Nordamerikanischen Kontinentalei-

Oben: **Die größte Kinderstube der Königspinguine weltweit befindet sich in Südgeorgien, in der St. Andrews Bay.**

Rechts: **Die ersten neun Monate seines Lebens braucht der Jungpinguin noch elterliche Fürsorge.**

ses ausgelöst, die ins Meer rutschten und das globale Förderband unterbrachen. Erst als dieses vor 12 000 Jahren wieder in Gang kam, war die Eiszeit wirklich zu Ende. Auch zuvor hatten Änderungen der Meeresströmungen bereits mehrfach zu abrupten Klimaänderungen geführt – und die Geschichte könnte sich wiederholen. Das Schmelzen des arktischen Meereises, des Grönlandeises oder des westantarktischen Eisschildes gehören daher zu den »Kippelementen«, die zu heftigen Klimaänderungen aufgrund des von Menschen verursachten Klimawandels führen könnten. Wesentliche Bereiche des möglichen Einflusses der Meeresströmungen auf das Erdklima werden auch gerade erst untersucht, so ihr Zusammenhang mit den periodischen Temperaturschwankungen sowohl im Atlantik als auch im Pazifik.

Bedrohlich für die Robben und Walbestände in der Antarktis wurde es aber erst, als Ende des 18. Jahrhunderts die kommerzielle Ausbeutung begann.

Polareis und der Mensch Seit wann der Mensch im Polareis Meeressäuger jagt, ist nicht genau bekannt. Vermutlich ist der Mensch bereits am Ende der letzten Eiszeit dem zurückweichenden Eis nach Norden gefolgt. Die Inuit, die heute im arktischen Kanada und auf Grönland leben, sind vor etwa 5000 Jahren nach Nordamerika eingewandert und gehen wohl auf Völker zurück, die in der Tundra Ostsibiriens lebten. Im 16. Jahrhundert wurden die Polarjäger als Pelz- und Elfenbeinlieferanten in den Welthandel eingebunden. Bedrohlich für die Robben- und Walbestände auch der unbesiedelten Antarktis wurde es aber erst, als Ende des 18. Jahrhunderts die kommerzielle Abschlachtung begann. Wal- und Robbenöl dienten als Brennstoff für Lampen und Schmierstoff für die industrielle Revolution. Nördliche und Südliche Seebären sowie Walrosse, Nordkaper, Grönland- und Pottwale wurden nahezu ausgerottet. Erst in den späten 1970er Jahren, unter anderem durch spektakuläre Aktionen der damals jungen Umweltorganisation Greenpeace, wurde die Öffentlichkeit

Links: **Die Menge Eis, die der grönländische Sermeq Kujalleq-Gletscher täglich verliert, reicht aus, um New York ein Jahr lang mit Frischwasser zu versorgen.**

Rechts: **Der Polarfuchs wechselt die Farbe seines Fells vom sommerlichen Schwarz zum winterlichen Weiß und passt sich so seiner Umwelt an.**

hierauf aufmerksam und ein weitgehendes Walfangverbot durchgesetzt.

Die größte Gefahr droht dem Polareis heute durch den Klimawandel. Seit 1979 hat das arktische Meereis um über 40 Prozent abgenommen, das Grönlandeis taut mehr als doppelt so schnell. Jedes Jahr gehen in Grönland und der Antarktis inzwischen über 500 Milliarden Tonnen Eis verloren. Das Tauwasser fließt ins Meer und trägt dazu bei, dass der Meeresspiegel alle zehn Jahre um 3,1 cm steigt. Das Eis auf Grönland reicht aus, um den Meeresspiegel um sieben Meter steigen zu lassen, das Eis in der Antarktis könnte sogar einen Anstieg um 65 Meter bewirken, sollte es schmelzen. Ein kleiner Teil würde also ausreichen, weite Küstengebiete und viele Küstenstädte zu überfluten. Aber nicht nur Tauwasser ist eine Gefahr, sondern auch das Methanhydrat, das in den kalten Polarmeeren vorkommt. Dieses bildet sich bei tiefen Temperaturen aus Wasser und Methan, das von Mikroorganismen, die im Meeresboden leben, freigesetzt wird. Bei einer Erwärmung wird Methanhydrat instabil, das Methan könnte freigesetzt werden – und als Treibhausgas den Klimawandel verstärken.

Bereits lange vor 2050 könnte die Arktis im Sommer eisfrei sein.

Diese Entwicklung macht nicht alle unglücklich: Anrainerstaaten, Öl- und Gasindustrie sowie Fischerei hoffen auf neue Schifffahrtsrouten, leichteren Zugang zu Rohstoffen und neue Fischgründe. So werden in der Arktis 30 Prozent aller noch unentdeckten Gas- und 13 Prozent aller unentdeckten Ölvorkommen vermutet. Ein Ölunfall in der Arktis würde bei den dortigen Temperaturen allerdings die Umwelt noch länger schädigen als anderswo.

Zum Schutz der Wale muss die Ausnahmeregelung, die den Walfang für wissenschaftliche Zwecke erlaubt, abgeschafft werden.

Was wir für das Polareis tun können Vorbild für mögliche Maßnahmen zum Schutz des Polareises ist das 1998 in Kraft getretene Umweltschutzprotokoll des Antarktisvertrags. Es macht die Antarktis zu einem Naturreservat für die gesamte Menschheit. Alle menschlichen Aktivitäten sind umfassenden Umweltverträglichkeitsprüfungen unterworfen, Bergbauaktivitäten ganz verboten. Ein internationales Schutzgebiet nach diesem Vorbild auch für die Arktis könnte das drohende Wettrennen um die Ausbeutung der dortigen Öl- und Gasvorkommen verhindern und dafür sorgen, dass alle anderen menschlichen Aktivitäten umweltverträglich gestaltet werden. In den zumeist internationalen Gewässern rund um die Antarktis wird einer Konvention zum Schutz der lebenden Meeresschätze zum Trotz aber nach wie vor viel illegale Fischerei betrieben. Dagegen, ebenso wie gegen die Übernutzung der arktischen Fischgründe könnten streng überwachte internationale Meeresschutzgebiete helfen. Zum Schutz der Wale muss die Ausnahmeregelung, die den Walfang für wissenschaftliche Zwecke erlaubt, abgeschafft werden.

Aber alle diese Anstrengungen werden den Lebensraum Polarkreis nur dann schützen können, wenn der vom Menschen verursachte Klimawandel aufgehalten wird. Aufgrund ihrer besonders schnellen Erwärmung sind die Arktis und die antarktische Halbinsel besonders betroffen – und ein Indikator für die Wirksamkeit sämtlicher Aktivitäten, die wir zur Beendigung des Klimawandels auf den Weg bringen.

Das patagonische Eisfeld ist die größte zusammenhängende Eismasse unserer Erde außerhalb der Polgebiete. Einer der Auslassgletscher ist der riesige Viedma.

Gletschereis

Gletscher sind zum größten Teil aus Eis bestehende Massen, die sich aktiv bewegen. Zu den Gletschern gehören auch die im Kapitel »Polareis« dargestellten Eisschilde der Antarktis und Grönlands. Hier geht es jedoch schwerpunktmäßig um die Hochgebirgsgletscher und die – im Vergleich zu den Eisschilden viel kleineren – Eiskappen, die insgesamt etwa 550 000 km² der Landoberfläche bedecken. Das sind nur 0,3 Prozent, die aber in vielen Gebirgen die wichtigste Wasserquelle sind. Gletscher entstehen überall dort, wo über lange Zeiträume im Winter mehr Schnee fällt, als im Sommer wegtaut. In einem mitunter viele Jahre andauernden Prozess verwandelt sich der Neuschnee in Eis. Wenn die Eismasse etwa 20 bis 30 Meter dick ist, lösen Massenungleichgewicht und Schwerkraft die typische Gletscherbewegung aus.

Gletscher sind klimagesteuerte Systeme. Deshalb leiden sie besonders stark unter dem Klimawandel.

Gletschereis ist oft blau, weil Eiskristalle langwelliges rotes Licht am stärksten absorbieren.

Das Ökosystem Der Weg vom Neuschnee zum Gletschereis verläuft über die Zwischenstufen Altschnee und Firn. Durch Druck, Schmelzen und wieder Gefrieren wird der Schnee immer weiter verdichtet. Neuschnee mit seiner feinen Kristallstruktur hat eine Dichte von etwa 0,1 g/cm^3, Gletschereis eine von 0,9 g/cm^3. Gletschereis ist wasser- und luftundurchlässig. Es besitzt keine Poren mehr, weist aber kleine Lufteinschlüsse auf. Diese sind heute eine wichtige Informationsquelle über die Zusammensetzung der Luft vergangener Zeitalter. Dass es überhaupt zur Entstehung von Gletschern kommt, liegt im Hochgebirge oft auch an der Geländeform: Erst Nischen und andere Hohlformen ermöglichen die Ansammlung von ausreichend Schnee, der nicht zum Beispiel vom Wind verweht wird. Ursache für die Bewegung des Gletschers ist ein Massenungleichgewicht, das entsteht, weil in hoch gelegenen Gletscherbereichen mehr Schnee fällt, während in tieferen Bereichen eher Eis schmilzt oder anderweitig verloren geht, etwa durch »Kalbung«, das Abbrechen von Gletschereis im Meer oder in Seen. So entsteht selbst auf ebenen Flächen eine Neigung der Eisoberfläche, auf die die Schwerkraft wirkt. Aber auch andere Faktoren können zur Bewegung beitragen. Beispielsweise kann bei bestimmten Gletschern die Basis so warm sein, dass der Gletscher auf einem Schmelzwasserfilm rutscht. Wenn die Eismasse bei der Gletscherbewegung aufreißt, entstehen die bei Bergsteigern und Skifahrern gefürchteten Gletscherspalten, die im Hochgebirge bis zu 30 Meter tief werden können.

Der größte Gletscher außerhalb der Polarregion ist mit einer Fläche von 4 275 km^2 der Malaspina-Gletscher am Fuß der Saint Elias Mountains in Alaska. Große Gletscher finden sich auch im Himalaya und im Karakorum, im Kaukasus und im Altai-Gebirge. In den Alpen bedecken über 5000 Gletscher gut 3000 km^2. Gletscher gibt es auch in den Tropen: Der Cayambe-Gletscher in Ecuador ist sogar nur vier Kilometer vom Äquator entfernt. Die Menge des in den über 285 000 Hochgebirgsgletschern und Eiskappen weltweit gespeicherten Wassers lässt

Links: Gletscher können große Mengen Gestein transportieren und formen damit über lange Zeiträume gesehen neue Landschaften.

Oben: An der Schwelle zwischen Tag und Nacht wirken die skurrilen Strukturen des Gletschereises besonders plastisch.

Oben, Mitte und rechts: **Eine Wanderung auf das patagonische Inlandeis führt um den Gebirgszug mit den markanten Gipfeln des Cerro Torre und des Fitz Roy. Die glasklare Luft, fantastische Licht- und Wolkenstimmungen sowie die archaische Landschaft machen einen Aufenthalt zu einem unvergesslichen Erlebnis.**

sich natürlich nur schätzen, die Angaben schwanken zwischen 51 000 und 133 000 km³.

Bedeutung für das Ökosystem Erde Als Lebensraum ist das Gletschereis extrem artenarm. Am auffälligsten sind Schneealgen, die die Gletscher sogar färben können. So wird der rote »Blutschnee« durch die Alge *Chlamydomonas nivalis* verursacht – der rote Farbstoff schützt die Alge vor der starken UV-Strahlung. Eine wichtige Rolle für das Ökosystem Erde spielen die Gletscher dennoch: als Landschaftsformer, Wasserspeicher und Klimaregulator.

Die Bedeutung der Gletscher bei der Formung der Landschaft wurde deutlich, als Naturforscher sich in der ersten Hälfte des 19. Jahrhunderts mit der Frage beschäftigen, wo eigentlich die sogenannten »Findlinge« – Gesteinsblöcke, die

geologisch offenkundig nicht an ihrem Fundort entstanden waren – herkämen. Die Antwort formulierte der Naturforscher und begnadete Redner Louis Agassiz: Gletscher hatten einst weite Teile der Nordhalbkugel bedeckt und bei ihrer Ausbreitung Gesteinsmaterial mitgeführt. Das Eis und vor allem dieses Gesteinsmaterial veränderte große Gebiete. In Gebirgen wurden die von Flüssen gebildeten V-förmigen Kerbtäler zu U-förmigen Trogtälern umgeformt. Ähnlich verlief die Entstehung der Fjorde: Hier erreichte das Trogtal das Meer, sodass beim Rückzug des Eises Meerwasser einströmen konnte. Im Hochgebirge bildeten Gletscher Kare aus, amphitheaterähnliche Hohlformen an Gipfeln und Talflanken. Durch gesteigerte Verwitterung an der Eis-Fels-Grenze ist deren Rückwand oft sehr steil. Wenn sich an mehreren Flanken eines Gipfels Kare formen, kann mit fortschreitender Erosion ein Karling entstehen, ein pyramidenförmiger Gipfel. Auf Englisch heißen solche Gipfel »horn«, das bekannteste Beispiel ist das Matterhorn. Andere

Geschätzte 51 000 bis 133 000 km³ Wasser werden weltweit in Gletschern gespeichert.

Oben: **Der Gletscher am Fuße des Cerro Torre mündet, auf der dem Pazifik zugeneigten Seite, direkt in das riesige Eisfeld.**

Rechts: **Bei Vollmond leuchtet das Cerro Torre-Massiv fast wie am Tag. Erst der zweite Blick auf den Sternenhimmel verrät, dass diese Aufnahme in der Nacht entstanden ist.**

Schmelzende Gletscher bedeuten zuerst Flutgefahr, später dann Trockenheit.

Gipfel wurden ganz abgetragen, aus ihnen entstanden die in Skandinavien weitverbreiteten, abgerundeten Fjells. Weniger landschaftsprägend, aber ebenfalls auffällig sind die in Felsgestein oftmals zu findenden Gletscherschrammen. Als die Gletscher abschmolzen, blieb das in ihnen enthaltene Gesteinsmaterial, zu dem auch die Findlinge gehören, liegen – es wird als Moränenmaterial bezeichnet. Das Moränenmaterial, das eine bis zu 100 Meter dicke Schicht bilden kann, findet man in allen ehemals vergletscherten Gebieten der Erde.

Das in den Gletschern als Eis gespeicherte Wasser speist im oftmals trockenen Sommer die Bäche der Hochgebirge und damit auch die Flüsse, in die diese fließen – darunter Indus, Ganges, Brahmaputra und Mekong und in Europa Rhein und Rhône. In manchen Bergregionen, etwa im Karakorum und im Pamir, hängt die Landwirtschaft fast vollständig von Gletscherwasser ab. Ähnliches gilt für die Trinkwasserversorgung von Städten wie La Paz, Quito und Lima in den Anden. Mit ihrer weißen Oberfläche reflektieren die Hochgebirgsgletscher zudem viel Sonnenlicht und tragen so wie das Polareis dazu bei, die Erde abzukühlen.

Gletschereis und der Mensch Gletscher versorgen nicht nur die Menschen in den Hochgebirgen und vielen Flusstälern mit Wasser, sie sind auch eine wichtige Quelle für Informationen über das Klima vergangener Zeiten und ein Indikator für den aktuellen Klimawandel. Die Untersuchung des Klimas früherer Zeit hilft uns zu verstehen, wie empfindlich das Klima auf Änderungen des Strahlungshaushalts reagiert. Das Klima der letzten 425 000 Jahre konnte inzwischen genau nachvollzogen werden. Dabei zeigte sich, dass kleine Änderungen der Sonneneinstrahlung – bedingt durch kleine Veränderungen der Erdumlaufbahn und Schwankungen der Erdachse – durch zwei wesentliche Rückkoppelungen verstärkt werden: Zum einen wird bei stärkerer Einstrahlung Kohlendioxid aus den Ozeanen freigesetzt, das als Treibhausgas die Erwär-

Gletscher sind in ständiger Bewegung. Das Eis schiebt sich über die unebene Erdoberfläche. Dabei entstehen Hohlräume, die oftmals groß genug sind, um sie zu erkunden.

WIE MAN GLETSCHER LIEST: EISBOHRKERNE

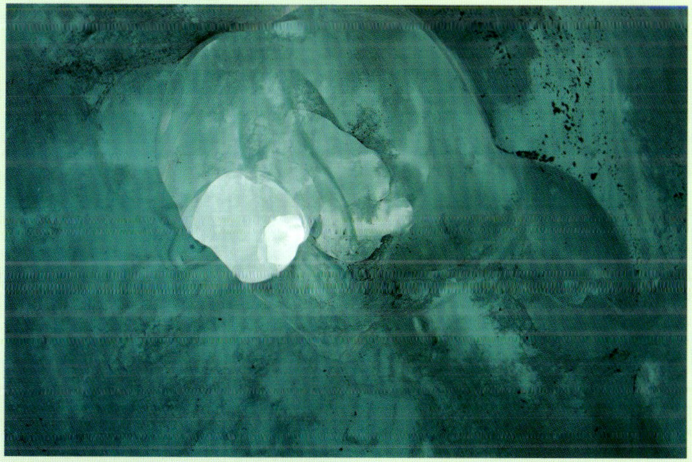

Durch Bohrungen in Gletscher und Analyse der so gewonnenen Eisbohrkerne und der in ihnen eingeschlossenen Luft lassen sich Klimadaten aus der erdgeschichtlichen Vergangenheit gewinnen. Durch Bohrungen in den Zentralbereichen polarer Eisschilde konnte inzwischen 900 000 Jahre altes Eis geborgen werden, Bohrungen in Hochgebirgsgletschern ermöglichen die Erforschung des regionalen Klimas. Anhand der eingeschlossenen Luft lässt sich die Konzentration von Treibhausgasen in der Vergangenheit ermitteln. Die damalige Temperatur wird über das Verhältnis der Sauerstoff-Isotope ^{18}O zu ^{16}O im Eis ermittelt. Das leichte Isotop ^{16}O verdunstet leichter als das schwere ^{18}O, sodass nach hohen Temperaturen (und damit hoher Gesamtverdunstung) der Anteil an ^{16}O niedriger ist. Besonders bekannt wurde diese Methode durch die Auswertung des nach einer russischen Polarstation benannten »Wostok-Eiskerns«, die Temperatur und Gehalt an Treibhausgasen wie Kohlendioxid und Methan während der letzten 425 000 Jahre zeigt. Ergänzt werden die Daten durch die Analyse eingeschlossener Feststoffe: Staubschichten können auf Vulkanausbrüche – die ebenfalls das Klima verändern – hindeuten, Pollen Hinweise auf frühere Vegetation geben. Die Analyse des Moränenmaterials zeigt Schwankungen vergangener Gletscherstände, die ebenfalls Rückschlüsse auf das Klima zulassen.

Links: **Geschliffenes Gestein am Viedma-Gletscher. Noch vor wenigen Jahren war es mit einer dicken Eisschicht bedeckt.**

Rechts: **Pionierpflanzen wie diese roten Beeren wachsen in Regionen, wo sich das Gletschereis zurückgezogen hat und sich Humus bildet.**

mung verstärkt, zum anderen schmilzt das Gletschereis, wodurch die Erde weniger Sonnenlicht reflektiert – und ebenfalls wärmer wird. Bei verringerter Einstrahlung kehren diese Effekte sich um und verstärken die Abkühlung. Im Vergleich zu den Kältephasen der Eiszeit hat sich in den warmen Phasen die Sonnenstrahlung nur um knapp 1 Watt/m² Erdoberfläche erhöht, Kohlendioxid und Eisschmelze verstärkten die Auswirkungen dieser Erhöhung jedoch auf 6,5 Watt/m². Ergebnis war ein Temperaturanstieg um 5 °C, und ein um 110 m gestiegener Meeresspiegel.

Wenn die großen asiatischen Flüsse nicht mehr aus dem Himalaya gespeist werden, könnte ein Zehntel der Menschheit betroffen sein.

Heute ist es der Mensch, der Treibhausgase wie Kohlendioxid freisetzt – die Konzentration in der Atmosphäre ist bereits von vorindustriellen 280 ppm auf 400 ppm gestiegen. Dadurch ist die Erde in den letzten 60 Jahren um 0,9 °C wärmer geworden – und die Gletscher schmelzen. Die Gletscher außerhalb der Polargebiete reagieren am schnellsten auf die Erderwärmung, ihr Massenverlust (die zuverlässigste Messgröße) beträgt 230 Milliarden Tonnen pro Jahr. Und das ist erst der Anfang: Der Ausstoß an Treibhausgasen geht weitgehend unvermindert weiter. Eine Verdoppelung der Kohlendioxidkonzentration verringert die Wärmeabstrahlung der Erde um 4 Watt/m², das entspricht – wie uns die Klimageschichte gezeigt hat – einer Temperaturerhöhung um 3 °C. Das könnte dazu führen, dass die Gletscher bis zu 60 Prozent ihrer Masse verlieren. Schmelzende Gletscher bedeuten zuerst Flutgefahr (wenn Schmelzwasser die Gletscherseen zum Auslaufen bringt), später dann Trockenheit. Als Erstes werden die Nutzung der Gebirge für Landwirtschaft, Tourismus und Stromerzeugung aus Wasserkraft sowie die Wasserversorgung der Städte in den südamerikanischen Anden leiden. Langfristig, wenn die großen asiatischen Flüsse nicht mehr aus dem Himalaya gespeist werden, könnte ein Zehntel der Menschheit betroffen sein.

In den Schweizer Alpen würde eine um 3 °C höhere Sommertemperatur die Gletscherfläche um vier Fünftel verringern.

Was wir für das Gletschereis tun können Da die Gletscher der Hochgebirge klimagesteuerte Systeme sind, die wesentlich empfindlicher auf Klimaänderungen reagieren als etwa das Polareis, sind sie ein hervorragender Indikator für den Klimawandel. Ihr Schmelzen ist ein Warnzeichen. Wird der Klimawandel nicht aufgehalten, wird langfristig auch das Polareis schmelzen und der Meeresspiegel stark ansteigen – und schon ein Anstieg um wenige Meter wäre eine Herausforderung, wie sie die menschliche Gesellschaft noch nie erlebt hat. Noch ist eine solche Katastrophe zu verhindern. Wir müssten nur schnell und ernsthaft die Freisetzung von Treibhausgasen reduzieren. Die mit Abstand wichtigste Quelle dieser Gase ist die Verbrennung fossiler Brennstoffe (Kohle, Öl, Gas), aber auch die Abholzung von Wäldern und die industrielle Landwirtschaft spielen eine große Rolle. Der Verbrauch fossiler Brennstoffe kann durch Energieeinsparung reduziert und durch erneuerbare Energien ersetzt werden. Der Bau neuer Kohlekraftwerke, die Erschließung der Ölfelder in der Arktis und in der Tiefsee sowie die Förderung von Schiefergas heizen den Klimawandel dagegen weiter an. Wälder müssen besser geschützt werden, und die Landwirtschaft kann durch Verzicht auf übermäßige Stickstoffdüngung und auf Rinderhaltung im industriellen Maßstab ihren Beitrag leisten.

GE

STEIN

Der Morgennebel lüftet sich, und die Berge werden sichtbar. Ergreifende Momente in 5300 Metern Höhe beim Kanchenjunga-Basislager im nepalesischen Teil des Himalaya.

Gebirge

Gebirge sind vertikal geprägte Ökosysteme. Sie erheben sich über ihre Umgebung, und ihre Erscheinungsform verändert sich mit der Höhe. Die Erhebung macht sie zum Relief, die zunehmende Höhe führt zur Ausbildung typischer Höhenstufen der Vegetation. In den Alpen zum Beispiel finden sich unten Laubwälder, darüber Nadelwälder, an der Waldgrenze nur noch einzelne Nadelbäume und in noch größerer Höhe Zwergsträucher und Wiesen. Gebirge entstehen durch die Kollision der Platten, aus denen die Erdkruste zusammengesetzt ist, und anderen geologischen Vorgängen. Ältere Gebirge wie die Appalachen und der Harz sind meist zu Mittelgebirgen eingeebnet, die großen Gebirgszüge wie die Anden, die Rocky Mountains, die Alpen oder der Himalaya sind geologisch jung.

Wenn bei der Kollision von Platten der Erdkruste eine Platte unter die andere abtaucht, führt das zur Entstehung von Vulkanen und starken Erdbeben.

»Massenselbstbewegungen« wie Bergstürze prägen die Landschaft im Hochgebirge.

Das Ökosystem Gebirge über 1000 Meter Höhe bedecken fast 40 Prozent des Festlands. Die höchsten Gipfel der Erde (14 über 8000 Meter) liegen alle im Himalaya und Karakorum. Die jüngste, sogenannte »Alpidische« Phase der Gebirgsbildung begann vor 100 Millionen Jahren und ist heute noch nicht vollständig abgeschlossen. Die jungen Gebirge sind meist sehr hoch – so hoch, dass am Gipfel der Schnee dauerhaft liegen bleibt – und steil, sodass Bergstürze häufig sind.

Außer durch Plattenkollisionen können Gebirge auch dort entstehen, wo sich Platten auseinanderbewegen und flüssiges Gestein aus dem Erdinneren austritt. Die größten Gebirge der Erde sind die so entstandenen mittelozeanischen Rücken, die gelegentlich auch die Meeresoberfläche erreichen – Island ist ein Beispiel. Auch über Magmaquellen im Erdmantel, den sogenannten *Hotspots*, können durch Vulkanismus Berge entstehen, wie der Mauna Loa auf Hawaii. Die Ausbildung der Landschaftsformen hängt zum einen von der Art der Gebirgsbildung ab, zum anderen vom Gestein, das insbesondere bei kollidierenden Platten sehr vielfältig sein kann. Granitgestein bildet beispielsweise runde, massige Formen aus, Kalkgestein ist oft sehr schroff.

In den Bergen nehmen mit steigender Höhe die Temperatur ab und der Wind zu. Dadurch bilden sich die Höhenstufen aus, deren Abfolge Ähnlichkeiten mit der vom Äquator zu den Polen hat. In den feuchten Tropen beispielsweise folgt auf den (Tiefland-) Regenwald mit zunehmender Höhe ein Bergregenwald und auf diesen ein Gebirgs-Lorbeerwald, oberhalb der Waldgrenze ein »Páramo« genanntes Strauch- und Grasland und schließlich die Gletscher- bzw. Schneegrenze. Der Bergregenwald ist oft ein Nebelwald, da Wolken an den Berghängen für Nebel und viel Feuchtigkeit sorgen. In den Gebirgs-Lorbeerwäldern ist es immer feucht, es kann aber leichte Fröste geben; hier wachsen vor allem Baumheide- und Rhododendronarten. Für das Páramo sind riesige Rosettenstauden und Gräser charakteristisch. Die »Puna« der trockenen Tropen wird

Links: Binnen weniger Augenblicke können aufziehende Wolken die Sicht auf die Bergwelt verwehren.

Oben: Wenn gegen Abend die Sonne schräg durch die Wolkenlücken scheint, taucht sie die Landschaft in ein Wechselspiel aus Licht und Schatten.

Mitte und rechts: **Der Kanchenjunga ist mit 8586 Metern Höhe der dritthöchste Berg unserer Erde. Er liegt im Dreiländereck von Nepal, Indien und Tibet und ist der östlichste Achttausender. Der Berg hat drei Gipfel, die man im Bild in der Mitte sehen kann.**

überwiegend von Gräsern bestimmt. Im Hochgebirge nimmt die UV-Strahlung zu, wogegen sich viele Pflanzen mit feinen Härchen schützen. Auch viele Tiere haben sich an das Hochgebirge angepasst und leben von den Kräutern der Hochgebirgswiesen, wie etwa die Steinböcke der Alpen oder die Yaks des Himalaya. Die kalte Jahreszeit überstehen sie in tieferen Lagen. Andere, wie die Murmeltiere, halten Winterschlaf. Auch Vögel kommen mit der Höhe gut zurecht. Der Andenkondor zum Beispiel kann bis 5500 Meter hoch fliegen.

Bedeutung für das Ökosystem Erde An den Gebirgen kann man das Zusammenspiel unbelebter und belebter Faktoren bei der Entstehung von Lebensräumen auf der Erde am besten erkennen. Gebirge gehören zur Lithosphäre, der Gesteinsschicht, die das Erdinnere nach außen hin begrenzt –

atmosphäre sind zum größten Teil aus den Gesteinen ausgegast. Das Wasser aus den Gesteinen führt auch zur Ausbildung der Astenosphäre, einer »Schmierschicht« zwischen festem Gestein und Erdinnerem, auf der die Platten der Lithosphäre gleiten. Vulkanismus und das Auffalten von Gebirgen bei der Kollision dieser Platten haben überhaupt erst die Entstehung von Leben auf dem Land und damit des Menschen möglich gemacht. Ohne Berge wäre die Erde nämlich rund 2500 Meter hoch von Wasser bedeckt! Womöglich hat das in den Meeren

und es mit den anderen Bausteinen des Systems Erde verbindet. So wird etwa beim Aufschmelzen von Gestein im heißen Erdinneren das darin chemisch gebundene Wasser freigesetzt. Dieser Vorgang ist zusammen mit dem Wasser, das in der Erdfrühzeit als Kometeneis auf die Erde gelangte, die Quelle allen freien Wassers auf der Erde. Auch die anderen Bestandteile der heutigen Erd-

Ohne Berge wäre die Erde rund 2500 Meter hoch von Wasser bedeckt!

entstandene Leben dabei bereits eine Rolle gespielt. Der dänische Geologe Minik Rosink ist davon überzeugt, dass erst von Lebewesen produzierte Säuren das ursprüngliche vulkanische Basalt schnell genug verwittern ließen, um andere Gesteinstypen und die heutigen Kontinente entstehen zu lassen.

Die Gesteine der Erde enthalten 75 Millionen Gigatonnen Kohlenstoff – den größten Vorrat im irdischen Kohlenstoffkreislauf.

Diese Hypothese ist noch umstritten, aber die Verwitterung von Gesteinen durch Wind, Wasser, Eis und im Wasser gelöste Säuren sowie die Abtragung durch Wind und Wasser bilden jenes zermahlene Gestein, das zusammen mit organischem Material, Wasser und Luft den Boden bildet – ein viel zu wenig beachtetes Ökosystem der Erde, von dem unser aller Überleben abhängt. Diese Abtragung formt auch die Landschaften der Erde: Flüsse können tiefe Schluchten in Gestein einschneiden, das abgetragene Sediment wird im Tiefland abgelagert oder bildet Deltas an den Flussmündungen. An der Küste lassen Wellen Steilküsten und Klippen entstehen, Wasser gräbt Höhlen in Kalkstein. Manche Gesteine gehen auf Lebewesen zurück, etwa auf die am Meeresgrund abgelagerten Kalkgehäuse von Meeresbewohnern. Kalkstein entsteht aber auch bei der Verwitterung von Silikatgestein. Wird Kalkstein im Erdinneren erhitzt, wird Kohlendioxid freigesetzt. Bei Vulkanausbrüchen gelangt dieses Kohlendioxid nach außen.

Dadurch und durch den Ausstoß von Aschewolken beeinflussen Vulkane das Klima auf der Erde. Aber auch andere Gebirge wirken auf das Klima ein. Die Auffaltung des Himalaya zum Beispiel führte dazu, dass feuchte Meeresluft aus dem Südwesten schon über Indien abregnete. So entstand vor etwa acht Millionen Jahren der indische Sommermonsun. Auch heute noch spielen die Gebirge eine zentrale Rolle. Vor allem in den trockenen Gebieten der Erde, die fast die Hälfte der Landoberfläche einnehmen, kommen 70 bis 90 Prozent des Wassers aus Gebirgen. Mehr als die halbe Menschheit hängt für eine gesicherte Nahrungsproduktion von den Gebirgen ab.

Gebirge spielen außerdem eine wichtige Rolle für die Entstehung der Artenvielfalt: Während der Eiszeiten bildeten

Links: Domestizierte Yaks liefern den Menschen im Himalaya Milch, Fleisch, Leder und Wolle. Ihre wilden Artgenossen sind vom Aussterben bedroht.

Oben: Auch in über 3000 Metern Höhe leben Menschen. Nach dem Überfall auf Tibet durch China flohen viele Menschen über die Pässe und fanden in Nepal eine neue Heimat.

Viele Flüsse des Himalaya werden aus Gletschern gespeist und sind Lebensspender für über 700 Millionen Menschen in Asien. Knapp unterhalb der Gletscherstirn hat dieser Fluss noch eine überschaubare Größe.

VULKANE: ZERSTÖRER UND LEBENSSPENDER

Einige der auffälligsten Berge der Erde sind Vulkane, etwa der Mauna Loa, der Fuji, der Kilimandscharo und der Popocatépetl. Der höchste unter ihnen ist der 6887 m hohe Ojos del Salado in Chile. Vulkane zeigen, welche ungeheure Energie im Inneren der Erde steckt. Sie entstehen, wenn aufgeschmolzenes Gestein aus absinkender Erdkruste oder durch Magmaschlote, die sich durch die Erdkruste geschmolzen haben, an die Oberfläche gelangt – zumeist in Form heftiger Ausbrüche. Die enorme Hitze im Erdinneren treibt auch Platten an, die aus der Erdkruste und der oberen, festen Schicht des Erdmantels bestehen, und lässt so ebenfalls Gebirge entstehen. Vulkane können enorme Zerstörung anrichten: Der Ausbruch des Tambora im Jahr 1815 kostete über 70 000 Menschen in Indonesien das Leben – und sorgte weltweit für Hungersnöte, weil Asche die Sonne verdunkelte und 1816 zu einem »Jahr ohne Sommer« machte. Erdgeschichtlich war das allerdings noch harmlos: Vor 250 Millionen Jahren trugen Vulkanausbrüche, die die sibirischen Trappbasalte entstehen ließen, zu dem Massenaussterben bei, das das Perm beendete. Allen Gefahren zum Trotz ist die Umgebung vieler Vulkane dicht besiedelt, da Mineralien in der Vulkanasche hier fruchtbare Böden entstehen lassen.

Links: **Viele Menschen heizen und kochen im Himalaya auch heute noch mit Holz. Bei einer stark wachsenden Bevölkerung wird dadurch der Druck auf die Wälder immer größer.**

Rechts: **Im Frühjahr, wenn der Rhododendron blüht, sind die Wälder eine Augenweide. In Nepal sind 70 Prozent der Wälder übernutzt oder verschwunden.**

unvergletscherte Gipfel Inseln, auf denen Arten sich unterschiedlich entwickelten, während die Ursprungsart im Tiefland ausstarb. Andere Arten konnten entlang von Gebirgszügen bis in die Tropen gelangen. Daher sind viele Gebirge reich an Endemiten – Arten, die ausschließlich dort vorkommen.

Gebirge und der Mensch Auch wenn insbesondere die Hochgebirge oftmals schwer zugänglich und unwirtlich scheinen, macht spätestens der Fund der Eismumie »Ötzi« klar, dass etwa die Alpen seit Tausenden von Jahren keine unberührte Wildnis mehr sind. Die waldfreien (und in den Tropen malariafreien) Grasländer der oberen Lagen zogen schon vor langer Zeit Jäger und später Hirten an. Bereits in vorchristlicher Zeit wurden Bergwälder gerodet. Auch schon damals entstand in den Alpen eine Almwirtschaft – die sommerliche Nutzung von Bergweiden mit eigenen Wirtschaftsgebäuden –, durch die wohl prähistorische Bergbausiedlungen versorgt wurden. Größere Bedeutung erhielt die Bergbauernkultur ab dem Spätmittelalter. Die damit verbundene Wiesennutzung brachte oft bunte und artenreiche Wiesen hervor. Auch anderswo entstanden eigenständige Bergbauernkulturen: In den Anden wurden noch in großer Höhe zum Beispiel Kartoffeln angebaut und Lamas und Alpakas gezüchtet, im Himalaya

Wo der Tourismus nicht hinkam, wurde die wirtschaftliche Nutzung der Berge meist aufgegeben.

Bergreis auf Terrassen angebaut. Mit der industriellen Revolution ging die Arbeit in den Bergen der Industrieländer zurück, andernorts jedoch wurde sie durch Erschließung und Technisierung sogar ausgeweitet – oftmals im Zusammenhang mit dem Ende des 19. Jahrhunderts einsetzenden Tourismus. Lange dienten die Berge vor allem als »Sommerfrische«, in den letzten Jahrzehnten hat aber auch der Wintertourismus an Bedeutung gewonnen. Wo der Tourismus nicht hinkam, wurde die wirtschaftliche Nutzung der Berge meist aufgegeben. Wo er jedoch hinkam, entwickelte er sich oft zum Massentourismus, der nicht nur Müll- und Abwasserprobleme,

Im Himalaya belastet der Brennholzverbrauch durch Trekkingtouristen die Wälder.

sondern auch die Vernichtung von Wäldern bis hin zur Umgestaltung der Landschaft für die Anlage von Skipisten oder die »optische Umweltverschmutzung« durch Seilbahnen mit sich brachte. Mitunter werden Gebirge aber auch gezielt zerstört. So zum Beispiel beim in den Appalachen verbreiteten *»mountaintop removal mining«*, bei dem ganze Bergkuppen abgetragen werden, um darunterliegende Kohlelager zu erreichen.

Was wir für die Gebirge tun können Um den Wert der Gebirge zu erhalten, müssen vor allem die Gletscher geschützt werden. Die Erschließung neuer Gletscherskigebiete wirkt in die entgegengesetzte Richtung, und auch Schneekanonen können gegen den Klimawandel nichts ausrichten. Lärm, Wasser- und Energieverbrauch zerstören die einzigartige Gebirgslandschaft. Neue Seilbahnen und Klettersteige müssen kritisch betrachtet werden – zumindest in den Alpen kann man nun wirklich nicht über mangelnde Erschließung klagen. Ziel muss sein, naturnahen Tourismus zu fördern, die Bergwälder zu schützen und den Individualverkehr zu reduzieren (in vielen Gebirgen sind die Haupttäler zu Transitstrecken verkommen, etwa in den Alpen). Last, but not least: Jeder Bergwanderer sollte seinen Müll selbst wieder mit ins Tal nehmen.

Das Antlitz der Wüste verändert sich ständig. Der Wind trägt die Dünen ab, um sie gleichzeitig an anderer Stelle wieder aufzuschichten.

Wüste

Wo weniger als 200 bis 250 mm Niederschlag im Jahr fallen, wird es selbst für Grasländer zu trocken, es beginnt das Reich der Wüste. Diese grenzenlosen Landschaften vereinen fast überirdische Schönheit mit härtesten Lebensbedingungen und bedecken etwa ein Drittel der Landflächen der Erde. Fachleute unterscheiden Halb- und Vollwüsten (in den Halbwüsten gibt es regelmäßige Niederschläge, die Vollwüsten können dagegen über viele Jahre regenlos sein) und die subtropischen »heißen Wüsten« von den »winterkalten Wüsten«, in denen es regelmäßig friert. Die heißen Wüsten liegen entlang der Wendekreise. Zu ihnen gehört das größte Wüstengebiet der Erde, das von der Sahara über die Arabische Halbinsel bis zu den pakistanisch-indischen Wüsten reicht. Nicht alle Wüsten sind Sandwüsten, in vielen herrscht kahles Gestein vor.

Die Sahara ist etwa 9 Millionen km² groß – so groß wie die gesamten USA.

Wüsten gehören aufgrund der fehlenden Wolkendecke zu den heißesten Lebensräumen der Erde.

Das Ökosystem Die heißen Wüsten und Halbwüsten liegen entlang der Wendekreise, da hier die am Äquator aufgestiegene feuchte Luft, die sich über den tropischen Regenwäldern abgeregnet hat und dann in großer Höhe polwärts gezogen ist, infolge zunehmender Abkühlung wieder absinkt. Dabei erwärmt sie sich erneut und löst alle Wolken auf. Ein geschlossener Wüstengürtel entsteht aber nicht, weil die Monsunwinde in Südostasien genug Niederschläge bringen, um dort die Entstehung von Wüsten zu verhindern. Auf der Südhalbkugel ist nur Australien groß genug für eine vergleichbare Wirkung. In Südamerika und Südafrika bilden sich die subtropischen Wüsten dagegen unter dem Einfluss kalter Meeresströmungen (»Küstenwüste«). Das Wasser kühlt die darüberliegende Luft ab, aber warmer Wind aus dem Landesinneren verhindert, dass diese aufsteigt und sich abregnen kann. Im Winter bildet sich aber regelmäßig Nebel, der zwar keinen messbaren Niederschlag bringt, aber die Verdunstung reduziert und vielen Pflanzen und Tieren wichtige Feuchtigkeit liefert. Diese auch »Nebelwüsten« genannten Gebiete reichen, wie die Atacama in Südamerika und die Namib in Südafrika, weiter äquatorwärts als die anderen subtropischen Wüsten. Die winterkalten Wüsten jenseits der Subtropen entstehen dagegen im Regenschatten hinter Gebirgen (»Reliefwüste«) oder einfach aufgrund großer Entfernung von den Meeren (»Kontinentalwüste«). Zu ihnen zählen die zentralasiatischen Wüsten von der Takla Makan bis zur Wüste Gobi und die Hochländer Tibets und des Pamir, in Nordamerika die Mojave und die *Great-Basin*-Wüste sowie in Südamerika die Patagonische Halbwüste.

Wüsten gehören aufgrund der fehlenden Wolkendecke zu den heißesten Lebensräumen der Erde. Die Temperaturen können im Sommer auch in winterkalten Wüsten 50 °C überschreiten. Nachts kühlen sie stark aus, extreme tägliche Temperaturschwankungen sind die Folge. Im Winter kann die Temperatur in winterkalten Wüsten auf -40 °C absinken. In den

Links und oben:
Die Weiße Wüste in Ägypten ist ein Bereich der Sahara. 2002 wurde sie zum Nationalpark erklärt.

Oben: **Die Wüste war früher ein Ozean – unzählige versteinerte Muscheln und Korallen belegen dies eindrucksvoll.**

Mitte: **Sanddünen erstrecken sich in sanften Wellen so weit das Auge reicht. Sie können dabei Ausdehnungen von vielen Kilometern erreichen.**

Rechts: **Weit mehr als nur Sand – die Sahara entfaltet ihre Vielfalt und Schönheit oftmals auch im Detail.**

Vollwüsten spielt die Pflanzenwelt kaum eine Rolle, die Landschaft wird vom Gestein dominiert. Sandwüsten nehmen dabei etwa in der Sahara nur ein Fünftel der Gesamtfläche ein, der Rest sind Kies- und Gesteinswüste. Die Formen dieser Landschaften werden vom Wind geprägt, der Sand und Staub verteilt und Felsen wie ein Sandstrahlgebläse abträgt. Pflanzen wachsen in den meist trockenen Flussbetten (»Wadis«) – und natürlich in den Oasen, Lebensräumen, an denen Quellwasser austritt. Hier gedeihen Schilf und verschiedene Palmenarten. Extreme Lebensräume sind Salzseen wie die Schotts in der Sahara oder der *Great Salt Lake* in den USA, in denen nur Bakterien, Cyanobakterien und Grünalgen leben. In den Halbwüsten gibt es eine reichere Vegetation. Kleine und mittelhohe Gebüsche und Kakteen in allen Größen bedecken

wenigstens einen Teil des Bodens. Die Halbwüste des *Great Basin* wird etwa durch den *sage brush*, eine Wermutart, geprägt, dessen Blätter bei Trockenheit welken. Kakteen (und andere ähnliche Pflanzen wie Wolfsmilchgewächse der Gattung *Euphorbia*) trotzen der Trockenheit, indem sie Wasser speichern. Der für die Wüsten Nordamerikas so typische Saguaro-Kaktus zum Beispiel kann mehrere Hundert Liter enthalten. Andere Pflanzen fallen in eine »Trockenstarre« oder überdauern als Samen, Zwiebeln oder Knollen und keimen nach Regenfällen in Massen. Vor allem diese kurzlebigen Pflanzen sorgen dafür, dass blühende Wüsten zu den farbenprächtigsten Schauspielen der Natur gehören.

Kakteen und andere ähnliche Pflanzen trotzen der Trockenheit, indem sie Wasser speichern.

Die geringe pflanzliche Produktivität der Wüsten verhindert eine reiche Tierwelt. Um der Hitze zu entgehen, sind viele Tiere nachtaktiv, tagsüber verkriechen sie sich in den Boden. In den Halbwüsten kommen auch einige größere Pflanzenfresser wie Saiga- und Oryx-Antilope, Gazellen oder in den Hoch-

Das wilde Dromedar ist ausgestorben, auch das Baktrische Kamel ist vom Aussterben bedroht.

plateaus Asiens das Argali-Schaf vor. Gelegentlich locken diese sogar große Fleischfresser wie den Schneeleoparden an. Der vom Kot pflanzenfressender Säugetiere lebende Pillendreher wurde von den alten Ägyptern als Symbol für die Auferstehung verehrt – eine derartige Verehrung des Recycling-Prinzips ist bis heute einzigartig. Die größten Pflanzenfresser, das arabische Dromedar und das Baktrische Kamel (»Trampeltier«) aus den Steppen und Halbwüsten Asiens, wurden unabhängig voneinander im dritten vorchristlichen Jahrtausend domestiziert und werden seither als Last- und Nutztier genutzt. Das wilde Dromedar ist ausgestorben, auch das Baktrische Kamel ist vom Aussterben bedroht und kommt heute nur noch in der Gobi vor.

Bedeutung für das Ökosystem Erde Die extremen Temperaturschwankungen in den Wüsten beschleunigen die Verwitterung von Gestein, und das Sandstrahlgebläse des kaum von Vegetation gebremsten Windes hilft dabei. Sand und Staub bleiben unterschiedlich lange in der Luft: Während Sand meist nur über kürzere Strecken transportiert und dann zum Beispiel in Form von Dünen abgelagert wird, kann der feinere Staub (als Staub gelten den Geologen alle Gesteinspartikel, die im Durchmesser kleiner als 0,063 mm sind) lange Zeit in der Luft verbleiben und als Schwebfracht über weite Strecken transportiert werden. Jedes Jahr werden so ein bis zwei Milliarden Tonnen Staub über die Erde verteilt. In der Umgebung der Wüsten wird er als fruchtbare Lössdecke abgelagert. Im chinesischen Lössplateau, entstanden aus dem Staub der innerasiatischen Wüsten, haben diese eine Dicke von bis zu 400 m erreicht und eine eigene Kultur mit in den Löss gegrabenen Wohnungen entstehen lassen. Auch in Westafrika bringt Staub aus der Wüste wertvolle Nährstoffe. In den Meeren liefert er Nährstoffe für Algen und Cyanobakterien, die Kohlendioxid binden und die Grundlage der Nahrungskette in den Ozeanen sind. Aber der Staubtransport funktioniert sogar über die Kontinente hinweg. Jedes Jahr werden beispielsweise bis zu

Links und oben:
Manche Gesteinsformationen in der Weißen Wüste sind aus purem Kalk. In unvorstellbar langen Zeiträumen sind die Kalksteinmonolithen erodiert und haben ihre individuelle Form erhalten. Dabei ist ein Meer aus Pilzen, Kegeln, Türmen und anderen fantastischen Formen entstanden.

Die Oase Siwa ist mit ausreichend Grundwasser gesegnet und wird schon seit langer Zeit von Menschen besiedelt. Die traditionellen Lehmhäuser in Alt Siwa wurden 1926 bei einem dreitägigen Dauerregen zerstört.

KREISLAUF DER STOFFE AUF DER ERDE

Die Fruchtbarkeit von Böden wird durch ihren Gehalt an Nährstoffen bestimmt. Neben Wasser und Kohlendioxid müssen Pflanzen vor allem Stickstoff, Phosphat und Kalium sowie Spurenelemente aufnehmen. Diese stammen aus den mineralischen Komponenten und organischen Bestandteilen des Bodens. Beim Absterben von Pflanzen und Pflanzenteilen gelangen die Nährstoffe wieder in den Boden, befinden sich also in einem Kreislauf. Ein Teil der Nährstoffe wird jedoch immer aus dem System entfernt, etwa wenn gelöste Nährstoffe mit Regenwasser ausgewaschen und über Flüsse ins Meer transportiert werden. Dieser Nährstoffaustrag muss ausgeglichen werden, wenn das Ökosystem nicht dauerhaft Fruchtbarkeit verlieren soll. Aus- und Einträge bilden globale Nährstoffkreisläufe, wie etwa Stickstoff- und der Phosphatkreislauf. Bei diesen wirken biologische und geologische Kreisläufe zusammen (die mineralischen Komponenten stammen aus Gesteinen). Der Saharastaub etwa ist reich an Eisen und Phosphor. Eisen wird von Pflanzen zur Bildung von Chlorophyll benötigt, Phosphor ist in Lebewesen ein Bestandteil der DNA und des Energieträgers ATP. Wenn Staub aus der Sahara die Amazonas-Regenwälder düngt, ist dies Bestandteil des Eisen- und des Phosphatkreislaufs der Erde.

Links und rechts: **Für viele Menschen ist die Wüste ein trostloser, karger Ort. Doch wer sich ihr zuwendet, wird auch hier vieles entdecken: Weite Ausblicke, absolute Stille, vom Wind geformte Wellen im Sand und magische Farben besonders während der Dämmerung.**

50 Millionen Tonnen Staub aus der Sahara in den Amazonas-Regenwald transportiert, wo er die Nährstoffverluste ausgleicht und damit zum Erhalt dieses Ökosystems beiträgt.

Die Wüste und der Mensch Jäger und Sammler haben die Halbwüsten schon früh erobert, wie beispielsweise Felsmalereien und Funde in der südafrikanischen Karoo zeigen. Sie nutzten wohl den gelegentlichen Überfluss nach Regenfällen und sind den Antilopen und Gazellen gefolgt. Später wurden die Jäger und Sammler der Alten Welt oft von nomadischen Hirtenvölkern vertrieben, sodass heute einige Aborigines-Gruppen in Australien zu den letzten noch verbliebenen Jägern und Sammlern der Wüsten gehören. Kamele, Dromedare, Schafe und Ziegen waren und sind die wichtigsten Weidetiere der Nomaden. Wesentlich angenehmer jedoch war das Leben in den Oasen: Wasser ermöglichte dort mindestens zwei Ernten im Jahr. Oasen stellten auch wichtige Knotenpunkte für die Handelsrouten durch die Wüsten dar. Mit den Grenzziehungen in Folge der europäischen Kolonialisierung wurde die nomadische Lebensweise in Afrika und Asien erschwert, in der Sowjetunion und im kommunistischen China wurde sie durch die Kollektivierung weitgehend zerstört. Die Nutzung der immer gleichen Weideflächen jedoch vernichtete deren Vegetation. Aus Halbwüste wurde Wüste. Auch im Zuge des Ölbooms wurden von der Sahara über Arabi-

Jenseits ihrer Bodenschätze werden die Wüsten heute oft als wertlos angesehen.

en bis nach Zentralasien viele Oasen aufgegeben. Stattdessen wurden von tief liegenden fossilen Grundwasservorkommen gespeiste neue Städte als »High-Tech-Oasen« aufgebaut, und man versuchte, mit Hilfe dieses Wassers die Wüste zu begrünen. Letzteres führte oftmals zur Versalzung der Böden, und wo man Erfolg hatte, war das Grundwasser bald erschöpft. Jenseits ihrer Bodenschätze werden die Wüsten heute oft als wertlos angesehen und zur Beseitigung von Abfällen oder als militärische Testgelände missbraucht. Viele Atomwaffenversuche wurden in Wüsten durchgeführt. In den Halbwüsten dagegen versucht man verzweifelt, die Ausbreitung der Wüsten (»Desertifikation«) zu verhindern. Die zunehmende Sesshaftigkeit einstiger Nomaden hilft dabei nicht.

Was wir für die Wüste tun können Da den Wüsten kein Wert zugemessen wird, stößt ihre Verschmutzung durch Abfälle, bei der Erschließung von Erdöl- und Erdgasvorkommen oder durch Atomwaffenversuche kaum auf Kritik. Dass Wüsten faszinierende Lebensräume sind, zählt dagegen kaum, selbst wenn sie als touristische Attraktion erkannt werden. Eine Kamelkarawane in die Wüste gehört zu den wenigen unverfälschten Naturerlebnissen, die heute noch möglich sind. Die nomadische Nutzung der Weidegebiete in den Halbwüsten ist die ökologisch wohl vertretbarste, und die Unterstützung der Menschen, die diese Lebensform nach wie vor anstreben, bei der Verbesserung ihrer Lebensbedingungen ist der Schlüssel für ihre Erhaltung. Voraussetzung dafür ist die Anerkennung traditioneller Lebensweisen als wertvoll. Die kulturelle Vielfalt der Menschheit ist heute ebenso in Gefahr wie die biologische Vielfalt. Die Kenntnisse traditionell lebender Völker könnten eines Tages, wenn uns die fossilen Brennstoffe ausgehen, wieder von unschätzbarem Wert sein. Der Klimawandel gefährdet all das: Wenn, wie die Prognosen sagen, extreme Wetterereignisse wie Dürren weiter zunehmen, werden die Halbwüsten auch für Nomaden immer unwirtlicher. Aktivitäten gegen den Klimawandel – Energie effizienter nutzen, erneuerbare Energiequellen verwenden – helfen daher auch den Bewohnern der Wüste.

WALD

Die Goldkopf-Löwenäffchen leben im brasilianischen Küstenregenwald Mata Atlantica und sind vom Aussterben bedroht.

Tropischer Regenwald

Tropische Regenwälder sind üppige, grüne Wälder und komplexe, dynamische Ökosysteme. In ihnen leben etwa 70 Prozent aller auf dem Festland vorkommenden Arten. Tropische Regenwälder gibt es entlang des Äquators in allen Gebieten, in denen so gleichmäßig Regen fällt, dass Pflanzen das ganze Jahr über wachsen können. Die größten Wälder stehen im Amazonasbecken, im Kongobecken sowie in der indomalaiischen Inselwelt. Für die Vielfalt des Lebens sind jedoch die kleineren Wälder auf tropischen Inseln und die Bergregenwälder tropischer Gebirge ebenso bedeutend. Von Natur aus würden tropische Regenwälder etwa 11,5 Prozent der Landoberfläche einnehmen, eine Fläche von 17 Millionen km². Tatsächlich beträgt ihre Ausdehnung heute weniger als 8,5 Millionen km² – über die Hälfte wurde bereits abgeholzt.

Die Bäume im Regenwald werden über 60 Meter hoch, auf einem Hektar stehen mitunter mehrere Hundert Arten.

Die Herrscher des Regenwaldes sind die Insekten. In Borneo wurden auf nur zehn Bäumen über 3000 Insektenarten gefunden.

Das Ökosystem Tropische Regenwälder wachsen in den immerfeuchten Tropen in Äquatornähe. Typisch sind hier Jahresniederschläge von 2000 bis 4000 mm und eine Durchschnittstemperatur von 25 bis 27 °C. Abseits des Äquators können Steigungsregen an Berghängen dazu führen, dass die tropischen Regenwälder sich weiter nach Norden oder Süden ausdehnen. In den tropischen Regenwäldern gibt es keine Jahreszeiten, sondern ein Tageszeitenklima: Am kühlsten ist es morgens, am wärmsten mittags. Die Niederschläge entstehen durch die starke Sonneneinstrahlung. Die Luft wird erwärmt und steigt auf. Dabei kühlt sie sich wieder ab, sodass der Wasserdampf kondensiert und als Regen fällt (»Zenitalregen«). Der Regen ist meist kurz und heftig, oft in Form von Gewitterschauern. Trotzdem wird er von den Baumkronen fast vollständig aufgefangen und gelangt erst als Tropfwasser von den Blättern oder entlang der Baumstämme in den Boden. Tägliche Regenfälle und hohe Temperaturen sorgen für eine hohe Luftfeuchtigkeit – in tropischen Regenwaldgebieten ist es oft bewölkt.

Hohe Niederschläge und Temperaturen führen aber auch dazu, dass mineralische Nährstoffe aus den Böden ausgewaschen werden. Nur die intensive und schnelle Nutzung der Nährstoffe aus sich zersetzendem Humus führt dazu, dass tropische Regenwälder trotzdem sehr produktive Ökosysteme sind. Die Wälder bestehen aus mehreren Schichten: Die eigentliche Baumschicht wird von riesigen »Überständern« überragt, darunter kommen – wenn die Baumschicht genug Licht durchlässt – Klein- und Kleinstbäume vor. Auf den Bäumen leben Lianen und Epiphyten (»Aufsitzer«), zahlreiche Symbiosen erhöhen die Vielfalt noch. So beherbergen manche Pflanzen Ameisenkolonien, die jedes Tier, das den Pflanzen nahe kommt, attackieren. Auch die Blüten der Bäume des tropischen Regenwaldes sind sehr vielfältig. Sie sind an Käfer, Bienen, Hummeln,

Links: Die Hellroten Aras sind eine der größten Papageienarten der Welt. Sie leben sowohl im Tieflandregenwald als auch in Savannen zwischen Mexiko und Zentralbrasilien.

Oben: In die Täler der Serra de Araca im Norden Amazoniens hat bisher kaum ein Mensch einen Fuß gesetzt.

Oben: **Tarnung und Täuschung als Schutz vor Fressfeinden. Das Auge auf den Flügeln dieses Schmetterlings gaukelt Größe vor.**

Mitte: **Die Bromelie wächst im Regenwald meist als Epiphyt. Es gibt Arten, die auf dem Boden oder an Felsen gedeihen.**

Rechts: **Löwenäffchen ernähren sich von allem, was sie innerhalb ihres Territoriums finden können: Früchte, Blüten, aber auch kleine Wirbeltiere und Vogeleier.**

Nachtfalter, Vögel und Fledermäuse als Bestäuber angepasst. Mitunter stehen die Blüten direkt am blattlosen Stamm, wo sie eher auffallen als an den belaubten Zweigen.

Der Vielfalt an Lebensräumen im Regenwald entspricht eine enorme Vielfalt an Tieren. Diese versteckt sich gut: Große Säugetiere wie Jaguar, Tapir und Okapi sind selten und scheu, die meisten Tiere leben in den oberen Stockwerken des Waldes und sind klein. Die Herrscher des Regenwaldes sind die Insekten. In Borneo wurden auf nur zehn Bäumen über 3000 Insektenarten gefunden, in Costa Rica in einem Nationalpark 13 000. Über die Anzahl von Tierarten in den tropischen Regenwäldern kann nur spekuliert werden. Da die Tiere zwar in zahlreichen Arten, aber oft nur in relativ niedriger Individuenzahl vorkommen, kann die Zerstörung des Regenwal-

des ihren Bestand schnell bedrohen. Dies betrifft zum Beispiel die großen Primaten wie den Berggorilla aus den Bergregenwäldern Ostafrikas und den Orang-Utan auf Sumatra und Borneo, aber auch viele kleinere Affen in Mittel- und Südamerika.

Bedeutung für das Ökosystem Erde In einem Hektar Regenwald gibt es im Durchschnitt etwa 500 Tonnen Pflanzenmasse. Davon entfallen 80 bis 90 Prozent auf Stämme und Zweige sowie 10 bis 20 Prozent auf die Wurzeln, nur zwei Prozent auf die Blätter. Der jährliche Zuwachs wird auf 10 bis 35 Tonnen geschätzt. Da etwa die Hälfte der Pflanzenmasse aus Kohlenstoff besteht, sind in den tropischen Regenwäldern der Erde über 200 Milliarden Tonnen Kohlenstoff gebunden. Durch die Rodung und das Abbrennen von Regenwäldern werden davon jedes Jahr über 2,5 Milliarden Tonnen freigesetzt. Damit ist die Zerstörung tropischer Regenwälder weltweit mit über 15 Prozent an der Freisetzung des Treibhausgases

Durch die Rodung und das Abbrennen von Regenwäldern werden jedes Jahr über 2,5 Milliarden Tonnen Kohlenstoff freigesetzt.

Oben und rechts: **Etwa zwei Drittel der brasilianischen Bevölkerung leben heute im ehemaligen Gebiet des Mata Atlantica-Regenwaldes. Die heute noch übrig gebliebenen Reste sind stark gefährdet, und Schutzmaßnahmen sind dringend erforderlich.**

Kohlendioxid beteiligt, dem wichtigsten Verursacher des Klimawandels.

Auf einem Hektar Regenwald finden sich leicht mehr Baumarten als in ganz Europa.

Eine tragende Rolle spielen die tropischen Regenwälder auch im globalen Wasser- und Temperaturhaushalt: Der Regen in diesen Wäldern ist größtenteils selbst gemacht, er stammt aus Wasser, das aus den Blättern der Bäume verdunstet ist. Die große Blattoberfläche erhöht die Verdunstungsrate. Der dichte Bewuchs verhindert zudem, dass Regenwasser ungebremst auf den Boden fällt und diesen abträgt. Ein Teil der feuchten Luft wird davongetragen und trägt wie die Ozeane mit ihrer »latenten Wärme« zur Wärmeverteilung auf der Erde bei. Wenn dieser Kreislauf durch die Vernichtung der Regenwälder oder durch ihre Schädigung infolge des Klimawandels unterbrochen wird, könnten die Regenwälder absterben. Dieser Effekt ist eines der gefürchteten »Kippelemente«, die zu abrupten Temperaturänderungen führen könnten.

Und schließlich sind die tropischen Regenwälder ein Zentrum der Biodiversität. In keinem anderen Festland-Öko-System leben auch nur annähernd so viele Arten wie im tropischen Regenwald, auf einem Hektar finden sich leicht mehr Baumarten als in ganz Europa. Insbesondere die kleinen, für das Funktionieren der Regenwälder aber wichtigen Arten wie Insekten und Pilze sind bisher erst zum kleinsten Teil bekannt. Viele der noch unbekannten Arten werden durch die Vernichtung der Regenwälder aussterben, bevor wir sie überhaupt entdeckt und ihre Rolle im Zusammenspiel der Ökosysteme verstanden haben.

Die tropischen Regenwälder und der Mensch Seit wann die tropischen Regenwälder von Menschen besiedelt wurden, bleibt im Dunkel der Geschichte verborgen. Aufgrund der hohen Feuchtigkeit erhielten sich hier keine fossilen Reste früher menschlicher Besiedlung. Heute leben die letzten verbliebenen Jäger und Sammler in tropischen Regenwäldern: die Indianerkulturen im südamerikanischen Orinoco-/Amazonasbecken, die als »Pygmäen« bekannten Völker der afrikani-

So sieht die typische Vegetation im Amazonas-Regenwald aus, wenn man vom Tiefland auf einen Tafelberg klettert.

Rechts: Kolibris müssen wegen ihrer hohen Herzfrequenz ständig Energie tanken. Ihr Flügelschlag wird erst durch den Blitz der Kamera für unser Auge sichtbar.

BIODIVERSITÄT UND ÖKO-SYSTEM-DIENST-LEISTUNGEN

Unter Biodiversität oder »biologischer Vielfalt« verstehen Biologen nicht nur die Vielfalt von Arten in einem Ökosystem, sondern auch die genetische Vielfalt innerhalb der Arten und die Vielfalt von Populationen (voneinander getrennte Vorkommen) einer Art. Diese Vielfalt ist die Grundlage für die Dienstleistungen eines Ökosystems.

Es sind die Bäume, die die Kraft des herabfallenden Regens brechen und so den Boden vor Erosion schützen, es sind Moose, die Wasser speichern und so dazu beitragen, dass Wälder die Wasserversorgung stabilisieren. Die natürlichen Ökosysteme »liefern« uns saubere Luft, frisches Wasser, Boden und Nährstoffe für die Erzeugung unserer Nahrung und organische Rohstoffe für unsere Wirtschaft.

Die Funktionsfähigkeit der natürlichen Ökosysteme zu erhalten, liegt daher in unserem ureigenen Interesse. Ähnlich wie in ökonomischen Systemen sichert Vielfalt die Leistungsfähigkeit dieses »Naturkapitals«, es wäre also von einzigartiger Kurzsichtigkeit, die biologische Vielfalt zu vernichten, bevor wir sie auch nur kennen. Dennoch schreiten das Artensterben und der Verlust an Biodiversität ungebremst fort, auch durch die Vernichtung der Regenwälder. Arten sterben heute 100- bis 1000 mal schneller aus als durch die natürliche Aussterberate. Der Verlust an Biodiversität ist nicht wieder rückgängig zu machen.

Links: **Die Serra do Itaqui steht unter Schutz und beherbergt einen der letzten Abschnitte intakten Küstenregenwaldes.**

Rechte Seite links: **Es gibt etwa 900 verschiedene Arten von Vogelspinnen.** Rechte Seite rechts: **Diese Schlange hat sich perfekt ihrer Umgebung angepasst.**

schen Regenwälder und die Palawan der indonesischen Inselwelt. Offenbar waren die Ureinwohner auch in der Lage, im Tropenwald eine nachhaltige Landwirtschaft zu betreiben, indem sie Holzkohle, Abfälle und Fäkalien in den nährstoffarmen Boden mischten, wodurch zum Beispiel im Amazonasgebiet ein fruchtbarer schwarzer Boden (»Terra Preta«) entstand, der hier antike Siedlungen versorgte. Nach der Kolonialisierung ging dieses Wissen verloren, man betrieb allenfalls noch – wie in anderen Regenwäldern – Brandrodungs-Wanderfeldbau: Wälder wurden abgebrannt und die Felder zwei bis drei Jahre genutzt – so lange, wie die Asche die Felder düngte. Dann wurde das nächste Areal abgebrannt. Aber eine schnell wachsende Bevölkerung, die gezielt im Regenwald angesiedelt wurde, die Suche nach Edelhölzern, Öl, Gold, die Umwandlung in Weideland und schließlich der Anbau von Soja als Viehfutter sowie die Umwandlung in Ölpalmenplantagen, unter anderem für Biotreibstoffe, führten dazu, dass heute mit über 8,5 Millionen km^2 bereits mehr als die Hälfte der ursprünglichen Regenwälder vernichtet sind.

In keinem anderen Ökosystem leben auch nur annähernd so viele Arten wie im tropischen Regenwald.

Was wir für die tropischen Regenwälder tun können

Eine nachhaltige Forstwirtschaft in tropischen Regenwäldern trifft auf noch größere Hindernisse als etwa in den borealen Nadelwäldern.Insbesondere die Überwachung ist in den oftmals zu den Schwellenländern gehörenden Regenwald-

Jedes Jahr werden weitere 110 000 km² – etwa die Forstfläche Deutschlands – tropischer Regenwald vernichtet.

staaten schwierig. Selbst Brasilien ist mit der Umsetzung seiner Vorschriften zum Schutz der Regenwälder überfordert. Der Verzicht auf Tropenholz, ohne genaue Kentniss der Herkunft, ist daher nach wie vor empfehlenswert und auch in den meisten Fällen leicht möglich: Zu fast allen Verwendungen von Tropenhölzern gibt es heimische Alternativen. Wenn Tropenholz jedoch gewünscht ist, sollten Sie auf das FSC-Siegel und die Herkunft achten.

Da Holz aus tropischen Regenwäldern auch zur Papierherstellung eingesetzt wird, können auch die Verringerung des Papierverbrauchs und die Nutzung von Recyclingpapier zum Schutz der Regenwälder beitragen. Der Abholzung von Regenwäldern für die Weidenutzung oder den Anbau von Soja als Futtermittel kann man begegnen, indem man Fleisch nur aus heimischer Bioproduktion bezieht. In der biologischen Landwirtschaft muss das Tierfutter überwiegend aus dem eigenen Land stammen. Den höheren Preis gleichen bewusste Esser durch selteneren Fleischkonsum aus. Palmöl ist schwieriger zu vermeiden, da Biotreibstoffe auch normalen Treibstoffen beigemischt werden und es in Nahrungsmitteln einfach als »pflanzliches Fett« versteckt wird. Hier hilft nur politische Aktivität, um Öl- und Lebensmittelindustrie dazu zu bringen, auf Palmöl aus Plantagen im ehemaligen Regenwaldgebiet zu verzichten.

Ein echter Märchenwald. Uralte Südbuchen im Cradle-Mountain-Lake-St.-Clair-Nationalpark in Tasmanien.

Gemäßigter Regenwald

Regenwälder gibt es auch außerhalb der Tropen: Zwei bis drei Prozent der Wälder der gemäßigten Klimazone (mit einer Jahresdurchschnittstemperatur unter 20 °C) sind so feucht, dass sie als Regenwald gelten. Sie finden sich an den Westküsten, wo warme Meeresströmungen und Küstengebirge aufeinandertreffen. Die größten dieser Regenwälder wuchsen einst an der nordamerikanischen Pazifikküste, zu ihnen gehören die Küstenmammutwälder Kaliforniens. Diese Wälder jedoch wurden weitgehend abgeholzt, weshalb sich die größten Urwälder heute auf der Südhalbkugel befinden: an den Westhängen der Anden in Chile und Argentinien, auf der Südinsel Neuseelands, im Südosten Australiens und im Westen Tasmaniens. Von Natur aus würden sie rund 750 000 km² – ein halbes Prozent des Festlands – bedecken.

Kein anderer Lebensraum der Erde – auch nicht der tropische Regenwald – ist so produktiv wie der gemäßigte Regenwald.

Die Küstenmammutbäume in Kalifornien werden über 110 Meter hoch. Sie sind die höchsten Bäume der Erde.

Das Ökosystem Wie in den tropischen ist auch in den gemäßigten Regenwäldern Wasser im Überfluss vorhanden, sodass die Bäume ohne Ruhezeit wachsen können. Das heißt meist viel Regen – im nordwestpazifischen Regenwald Nordamerikas zum Beispiel jährlich mindestens 1400 l/m^2 –, in manchen Bereichen tragen aber auch Küstennebel bis zu einem Drittel der Wasserzufuhr bei. Schnee ist selten und bleibt allenfalls kurz liegen. Ursache für die hohen Niederschläge sind die Nähe von Ozean und Küstengebirgen: Seewinde blasen die feuchte Meeresluft an Land, wo sie an den Küstengebirgen aufsteigt, sich abkühlt und abregnet. In kälteren Regionen tragen warme Meeresströmungen hierzu bei, etwa der Kuroshio an der nordamerikanischen Pazifikküste und der Golfstrom in Nordwesteuropa. Die großen Wälder auf der Südhalbkugel sind durch »Südbuchen« der Gattung *Nothofagus* gekennzeichnet, die sich in Chile mit Nadelbäumen wie Araukarien und Patagonischer Zypresse, auf der Südinsel Neuseelands mit Steineiben sowie in Südaustralien und auf Tasmanien mit Eukalyptus mischen. Der Unterwuchs ist reich an Moosen, Farnen, Baumfarnen und Lianen. Der nordamerikanische Regenwald wird dagegen von Nadelbäumen geprägt. Im Norden, von Alaska bis zum nördlichen British Columbia, von westamerikanischer Hemlocktanne und Sitkafichte, vom südlichen British Columbia bis Oregon wird die Hemlocktanne von Riesen-Lebensbaum und Douglasie ergänzt, und in Kalifornien dominieren die riesigen Küstenmammutbäume *(Redwoods)*. Gemäßigte Regenwälder gibt oder gab es auch in der Kolchis zwischen Schwarzem und Kaspischem Meer sowie am angrenzenden Elbur-Gebirge, im südlichen Japan und in Nordwesteuropa, von Galizien über Irland bis Island und Norwegen. Neben diesen Küstenregenwäldern gibt es gemäßigte Regenwälder auch in höheren Regionen in eigentlich subtropischen Gebieten, so die Lorbeerwälder auf den Kanaren, Madeira und den Azoren, in Ostasien von Südchina bis Taiwan sowie in Südostbrasilien.

Links: **Einer der größten zusammenhängenden Regenwälder befindet sich im Nordwesten Tasmaniens und wird Tarkine genannt.**

Oben: **Die Besteigung des Frenchmans Cap ermöglicht atemberaubende Blicke auf die Wildnis im Zentrum Tasmaniens.**

Oben, Mitte und rechts: **Durch die hohen Niederschläge im Regenwald gibt es praktisch keine kahlen Flächen. Alles ist mit Moosen überzogen. Pilze, Flechten und Farne nutzen jeden Quadratmeter Lebensraum. Wer das Vegetationsgewirr erkunden möchte, folgt am besten den Wasserläufen, die sich durch die Wälder ziehen.**

Die gemäßigten Regenwälder gehören zu den produktivsten Ökosystemen der Erde – sie enthalten zwischen 500 und 2000 Tonnen Biomasse je Hektar, die Küstenmammutwälder sogar bis zu 4000 Tonnen. Besonders bemerkenswert: Bei vielen Bäumen der gemäßigten Regenwälder, beispielsweise beim Küstenmammutbaum oder bei australischen Eukalyptusarten, nimmt die Produktivität mit zunehmendem Alter sogar zu, alte Bäume produzieren mehr Biomasse als junge. Diese Baumarten werden besonders alt – Exemplare über 2000 Jahre sind keine Seltenheit – und entsprechend riesig. Die Küstenmammutbäume beispielsweise erreichen einen Durchmesser von über sechs Metern. Auf ihren gewaltigen Zweigen kann sich so viel Erde sammeln, dass dort eigene kleine Ökosysteme entstehen. Die Artenvielfalt dieser Wälder

kann zwar mit der tropischer Regenwälder nicht mithalten, ist für die gemäßigte Klimazone aber sehr hoch. Im nordwestamerikanischen Küstenregenwald leben etwa 250 Vogel- und Saugetierarten, darunter seltene wie Fleckenkauz und Marmelalk. Andere Arten kommen auch andernorts vor, profitieren aber von den guten Lebensbedingungen hier. Zum Beispiel jagen Wölfe, Schwarz- und Grizzlybären sowie Pumas hier Lachse, die in den Bergflüssen zu ihren Laichgründen hinaufsteigen. Die Bären tragen sogar derartig viele Lachse in den Wald, dass die Reste den Wald düngen. Zu den ansässigen Bären gehört auch der Kermode-Bär, eine weiße Unterart des Schwarzbärs, der nur im kanadischen Great Bear Forest vorkommt und von den indigenen Einwohnern als »Geisterbär« geschützt wird.

Bedeutung für das Ökosystem Erde Aufgrund ihrer großen Produktivität stellen die gemäßigten Regenwälder trotz ihrer geringen Ausdehnung einen wichtigen Speicher für Kohlen-

Eine besondere Rolle spielen an Berghängen stehende Wälder als Wasserspeicher und Schutzschirm.

In den höheren Lagen ändert sich die Zusammensetzung der Pflanzen des Regenwaldes. Die Vegetation wird »buschartiger« und verzaubert den Besucher mit ihrer Schönheit. Besonders an Bergseen, deren Wasseroberflächen den Wald bei Windstille in perfekter Symmetrie spiegeln.

DIE GEMÄSSIGTEN REGENWÄLDER – EIN ERBE AUS DEM TERTIÄR

Die gemäßigten Regenwälder entwickelten sich einst aus den tropischen Regenwäldern. Die Verbreitung der Gattung *Nothofagus* (Südbuchen), die in Chile, Neuguinea, Australien und Neuseeland in tropischen und gemäßigten Regenwäldern vorkommt, aber in Afrika und Indien fehlt, lässt vermuten, dass sie erst entstanden ist, nachdem sich vor 150 Millionen Jahren Afrika und Indien vom einstigen Südkontinent Gondwana abtrennten, die anderen Kontinente aber noch zusammenhingen. Vor rund 20 Millionen Jahren, so zeigen Pollenfunde, erreichte die Gattung ihre größte Ausbreitung, die heutigen Bestände gelten als Reste, die die folgende Abkühlung der Erde überstanden haben. Auch die europäischen Lorbeerwälder entstanden einst im Mittelmeergebiet, wo sie mit zunehmender Trockenheit vor einigen Millionen Jahren ausstarben. Ebenso finden sich in den Wäldern zwischen Schwarzem und Kaspischem Meer sowie in Ostasien zahlreiche Arten mit Verwandten in den Tropenwäldern des Tertiär. Die Redwood-Wälder Kaliforniens finden ihre nächsten Verwandten im Nordwesten Chinas, wo Mammutbäume überlebten – Fossilfunde zeigen, dass sie einst über die ganze Erde verbreitet waren. Dennoch sollte man die gemäßigten Regenwälder nicht als ein Relikt ansehen. Sie haben sich weiterentwickelt und immer neuen Umweltbedingungen angepasst.

Oben: **Auch wenn die UNESCO Teile der Urwälder Tasmaniens vor Kurzem als Weltnaturerbe anerkannt hat, sind weite Teile des Tarkine-Regenwaldes noch immer durch Minenprojekte bedroht.**

Rechts: **Miranda Gibson ist mit ganzem Herzen Waldschützerin. Über 400 Tage hat sie im Gipfel eines riesigen Eukalyptusbaumes ausgeharrt. Inzwischen ist »ihr« Baum Teil des Weltnaturerbes.**

stoff dar. Zwar ist die gespeicherte Menge insgesamt nicht mit der der riesigen borealen Nadelwälder zu vergleichen, aber da das Holz vieler Arten Polyphenole und andere chemische Substanzen enthält, die seinen Abbau durch Pilze verhindern, ist es sehr haltbar. Damit wird der Kohlenstoff sehr lange aus dem Kreislauf entfernt, wenn das Holz für dauerhafte Produkte verwendet wird. Eine besondere Rolle kommt den an Berghängen stehenden gemäßigten Regenwäldern als Wasserspeicher und Schutzschirm über dem Boden zu. Als etwa die nordwestpazifischen Regenwälder Nordamerikas abgeholzt wurden, schwemmte Regen den freiliegenden Waldboden in die Flüsse, und zwar in eben jene, in denen die Lachse zu ihren Laichplätzen wanderten. Da viele der Lachspopulationen genetisch einzigartig waren, ging die Vielfalt der Lachse zurück. So hat nicht nur die Überfischung, sondern auch die Zerstörung der Flüsse zum Rückgang des Lachsbestands geführt. Der Erhalt ist heute oft nur dank künstlicher Aufzucht gewährleistet. Die Abholzung und die Zerstörung der Laichgründe entziehen aber auch den noch überlebenden indigenen Völkern die Grundlage ihrer traditionellen Lebensweise.

Mit über 7000 Jahren sollen japanische Zedern aus den Regenwäldern der japanischen Meeresalpen die ältesten Bäume der Erde sein.

Gemäßigte Regenwälder und der Mensch Gemäßigte Küstenregenwälder boten auch den Menschen einen reichen Lebensraum: Der pazifische Nordwesten Amerikas etwa gehört zu den (wenigen) Regionen der Erde, in denen Menschen schon vor Erfindung der Landwirtschaft feste Siedlungen bewohnten. Das ermöglichten vor allem der Lachs aus den Flüssen, aber auch der hirschähnliche Roosevelt-Wapiti aus den Wäldern. Mitte des 19. Jahrhunderts erreichten europäische Siedler die Wälder von Oregon, in Kalifornien wurde Gold gefunden. Von diesem Zeitpunkt an fielen überall die Wälder, rund um San Francisco waren die Küstenmammutwälder bald gefällt. Einen ersten Höhepunkt erreichte die Holzfällerei beim Wiederaufbau San Franciscos nach dem Erdbeben von 1906, einen zweiten nach dem Zweiten Weltkrieg, als Maschi-

Links: **Sonnenaufgang über der Wildnis. Es gibt nicht mehr viele Regionen auf der Welt, wo die Natur großflächig unberührt existieren kann.**

Rechts: **Die Baumriesen im tasmanischen Upper Florentine Valley sind nun vor dem Einschlag sicher. Dem Schutzstatus gingen 30 Jahre Einsatz von Naturfreunden voraus.**

nen und Arbeitskräfte im Überfluss vorhanden waren. Als Ergebnis sind heute weniger als fünf Prozent der Küstenmammutwälder unberührter Urwald, und den anderen Küstenregenwäldern in den USA (ohne Alaska) erging es kaum besser. Immerhin wurden einige Kerngebiete als Nationalparks geschützt, etwa im *Redwood National Park* im Norden Kaliforniens oder dem *Olympic National Park* im Bundesstaat Washington. Besser sieht es in Kanada aus, wo es in British Columbia noch große, unberührte Küstenregenwälder gibt.

Insgesamt wurden mehr als die Hälfte der nordamerikanischen Regenwälder bereits abgeholzt.

Auch hier mussten Umweltschützer die Forstkonzerne abwehren, aber 2009 konnte beispielsweise der größte Wald, der *Great Bear Rainforest,* in großen Teilen unter Schutz gestellt werden. Dafür droht jetzt Gefahr durch eine Ölpipeline, die im benachbarten Alberta aus Teersanden gewonnenes Öl zum mitten im Wald gelegenen Hafen Kitimat bringen soll. Das Risiko einer Ölpest durch die Pipeline oder die Öltanker, die den Hafen durch ein Gewirr enger Meeresarme anfahren müssen, ist offensichtlich. Auch in Alaska nördlich des *Great Bear Rainforest* gibt es noch große, unberührte Regenwälder im Tongass-Wald.

Auch die anderen großen gemäßigten Regenwälder sind hochgradig gefährdet. In Chile sind schon mehr als die Hälfte verschwunden. Hier wurden die Wälder zum großen Teil zu Kiefern- oder Eukalyptusplantagen für die Papierindustrie umgewandelt, aber auch für Staudämme und Wasserkraftwerke abgeholzt. Der Südandenhirsch, der hier ein letztes Refugium gefunden hatte, ist durch diese Vernichtung und zunehmende Bejagung vom Aussterben bedroht. Auch auf Tasmanien werden die Wälder oft für die Papierindustrie gefällt, nur 20 Prozent der Urwälder sind noch in natürlichem Zustand. Zwar sind große Teile dieser Regenwälder heute geschützt, dieser Schutz jedoch schließt Wälder, in denen auch Eukalyptus wächst, aus. Nach australischer Definition handelt es sich dann nämlich nicht um Regenwälder. Vor einigen Jahren musste ein australischer Holzkonzern wegen starker Proteste den Plan aufgeben, auf Tasmanien die weltgrößte Zellstofffabrik zu bauen. Die neue Konzernführung hat nun immerhin angekündigt, keine Urwälder mehr einschlagen zu wollen. Am schlechtesten aber erging es den gemäßigten Regenwäldern in Europa: Sie wurden bis auf kleine Reste zumeist in Ackerland umgewandelt.

Eukalyptusbäume auf Tasmanien werden über 100 Meter hoch – es sind die höchsten Laubbäume der Erde.

Was wir für die gemäßigten Regenwälder tun können Die größten Gefahren für die gemäßigten Regenwälder gehen weiterhin von ihrer Abholzung aus. Dabei wären gerade die gemäßigten Regenwälder dazu geeignet, als Modell für eine nachhaltige Nutzung unserer Wälder zu fungieren. Da die Bäume mit zunehmendem Alter immer produktiver werden, ist es langfristig auch wirtschaftlich interessanter, selektiv zu ernten, um gezielt alte Bäume heranwachsen zu lassen, als die Flächen kahl zu schlagen, wie oft noch üblich. Die selektive Ernte erhält alte Bäume und damit auch geschützte Lebensräume für seltene Tiere. Besonders wertvolle Baumbestände und Streifen an Flüssen entlang sollten ganz vom Holzeinschlag verschont werden. Ein Modellbeispiel für effizienten Schutz ist das »Great Bear Rainforest Agreement«, das die Regierung von British Columbia, die First Nations als Vertretung der Ureinwohner, Umweltverbände wie Greenpeace und Sierra-Club und Forstindustrie geschlossen haben.

Im kanadischen Quebec gibt es heute nur noch zwei großflächige Urwaldreste. Einer davon sind die sich auf 14000 km² ausdehnenden White Mountains.

Borealer Nadelwald

Boreale Nadelwälder, auch Taiga genannt, bilden von Alaska und Kanada über Skandinavien und Sibirien bis in die Mongolei einen 13 000 km breiten Waldgürtel, der den gesamten Norden Eurasiens und Nordamerikas bedeckt. Im Norden reicht er etwa bis zum Polarkreis und dehnt sich von dort aus 700 bis 2000 km weit nach Süden aus. In diesem Bereich liegt in Sibirien auch das mit einer Fläche von 8 Millionen km² größte zusammenhängende Waldgebiet der Erde. Insgesamt bedecken die borealen Nadelwälder rund 13 Prozent des Festlands, knapp 20 Millionen Quadratkilometer. Etwa 60 Prozent davon liegen in Russland, 30 Prozent in Kanada und die restlichen zehn Prozent in den USA (Alaska), den baltischen Staaten, Skandinavien und der Mongolei. Viele Urwälder jedoch wurden inzwischen in Forste und Plantagen umgewandelt.

In den Wäldern des Nordens steht ein Drittel aller Bäume der Erde – genauso viele wie in den Regenwäldern.

Immergrüne Nadelbäume wie Fichten, Kiefern und Tannen dominieren oft über Tausende Quadratkilometer.

DAS ÖKOSYSTEM In der griechischen Mythologie ist *Boreas* die Personifizierung des winterlichen Nordwinds. Ihren Namen verdanken die borealen Nadelwälder entsprechend den tiefen Wintertemperaturen, die dort herrschen. In den meisten Gebieten erreichen diese -40 °C, in der ostsibirischen Taiga wurden schon -71 °C gemessen. Die Sommer sind zwar kurz, aber vergleichsweise warm. Damit überhaupt Bäume wachsen können, muss der wärmste Monat im Tagesdurchschnitt mindestens 10 °C warm sein. Nördlich dieser Region beginnt die subpolare Klimazone mit der baumlosen arktischen Tundra. In der Übergangszone wächst der Wald zuerst spärlich, nach Süden hin wird er aber schnell dichter. Die Vorherrschaft der Nadelbäume hat ihren Grund in den kalten Wintern. Die Nadeln sind mit einer dicken Wachsschicht überzogen, wodurch sie im Winter, wenn das Wasser im Boden gefroren ist, kein Wasser verdunsten. Sobald es taut, können sie sofort mit der Fotosynthese beginnen. So nutzen sie die kurze, aber warme und sonnige Vegetationszeit mit ihren im Norden langen Tagen sehr effektiv.

Immergrüne Nadelbäume wie Fichten, Kiefern und Tannen dominieren oft über Tausende Quadratkilometer. Unter den Bäumen wachsen beerenreiche Zwergsträucher wie Heidel- und Preiselbeeren, Flechten und Moose. Laubbäume wie Erlen, Birken und Weiden gedeihen dort, wo eiszeitliche Gletscher Feuchtigkeit speichernde Vertiefungen ausgeschabt haben, in den breiten Talauen der vielen Flüsse und in Meeresnähe, wo die Wärme des Meerwassers die Winterkälte abmildert. Die Böden sind meist von einer dicken Schicht von Nadeln bedeckt. Diese zersetzen sich in dem kalten Klima nur langsam, daher sind die Böden mineralarm und sauer. Eine große Vielfalt an Pilzen hilft den Bäumen und Sträuchern, die Nährstoffe im Boden zu erschließen.

Etwa zwei Drittel der borealen Nadelwälder stehen auf Permafrostböden, die auch im Sommer nur an der Oberfläche auftauen und leicht versumpfen. In manchen Regionen neh-

Links: Strukturen in der Natur. Die Beschaffenheit des Bodens bestimmt die Vegetation.

Oben: In den nördlichen Breitengraden reduziert das raue Klima den Wuchs der Bäume. Doch in der Masse sind auch diese ansonsten unproduktiven Wälder für die Industrie von wirtschaftlichem Interesse.

Oben: **Die Waldkaribus sind auf Urwälder angewiesen. Mit dem Verlust ihres Lebensraumes sind auch diese Tiere gefährdet.**

Rechts: **Moose in vielerlei Formen überziehen die Böden im borealen Urwald.**

men Moore ebenso große Flächen ein wie die Wälder. Eine wichtige Funktion erfüllen Waldbrände. Sie entstehen in trockenen Sommern leicht durch Blitzschlag, und ein einziges Feuer kann Hunderte Quadratkilometer Waldfläche erfassen. Solche Brände setzen im Streu gebundene Mineralien frei und fördern eine schnelle Erneuerung des Waldes. Für seine Gesunderhaltung sind sie so wichtig, dass sie in den Nationalparks teilweise kontrolliert gelegt werden.

Kein anderer Lebensraum, auch nicht die tropischen Regenwälder, speichert derartig viel organischen Kohlenstoff.

Das Tierleben ist im Vergleich zu den Tropen in diesen Wäldern eher artenarm: Nur wenige große Pflanzenfresser können die harzreichen Nadelblätter verwerten. Zu diesen gehören Elche. Im Winter ziehen die Rentierherden aus der Tundra in die Wälder und fressen Moose und Flechten. Von diesen Pflanzenfressern leben Raubtiere wie Braunbären, Wölfe, Luchse und Vielfraße, in Sibirien auch die extrem seltenen Amur-Tiger und Schneeleoparden. Der überwiegende Teil der Tiere lebt von den Samen und Früchten der Bäume und Sträucher, etwa Streifen- und Eichhörnchen. Von Samen, Früchten und Insekten ernähren sich auch die über 300 Vogelarten, von denen viele hier brüten, im Winter jedoch zumeist in den Süden ziehen.

Bedeutung für das Ökosystem Erde Wie alle Wälder der Erde reinigen auch die borealen Nadelwälder die Luft und produzieren Sauerstoff, sie speichern Wasser und mildern so Hochwasser und Trockenheiten. In einem Punkt jedoch sind die borealen Nadelwälder einzigartig: Kein anderer Lebensraum, auch nicht die tropischen Regenwälder, speichert derartig viel organischen Kohlenstoff im Boden. Diese Speicherung ist einer der zentralen Faktoren, die das Klima auf der Erde bestimmen: Kohlenstoff befindet sich in einem weltumspannenden Kreislauf, zu dem auch das Treibhausgas Kohlendioxid gehört.

In den borealen Nadelwäldern, vor allem in ihren Böden, sind rund 700 Milliarden Tonnen Kohlenstoff gespeichert. Das ist knapp ein Drittel des insgesamt in den Böden und Le-

Oben, Mitte und rechts: **Farbenrausch im Indian Summer. Obwohl der boreale Nadelwald hauptsächlich von immergrünen Fichten bewachsen ist, vollzieht sich jeden Herbst ein prachtvolles Schauspiel in der Wildnis. Die Bodenvegetation erstrahlt in verschiedenen Rottönen. Lärchen und Birken setzten goldene Farbtupfer in die Landschaft.**

bewesen der Erde gespeicherten organischen Kohlenstoffs und fast so viel, wie insgesamt in der Atmosphäre vorhanden ist. Noch wichtiger ist aber: Die borealen Nadelwälder entziehen in jedem Jahr der Atmosphäre viel mehr Kohlendioxid als jeder andere Lebensraum der Erde, weil sie kontinuierlich organische Substanz produzieren, die nicht wieder zersetzt wird. Für unser Klima ist daher der Schutz der borealen Nadelwälder mindestens ebenso wichtig wie der der tropischen Wälder. In einer Zeit, in der Heerscharen von Forschern nach Wegen suchen, um der Atmosphäre freigesetztes Kohlendioxid wieder zu entziehen, erbringen die borealen Nadelwälder diese Leistung nicht nur kostenlos, sondern pro-

Boreale Nadelwälder entziehen der Atmosphäre viel mehr Kohlendioxid als jeder andere Lebensraum der Erde.

duzieren dabei noch den vielseitigen Rohstoff Holz. Solche Wälder durch Raubbau zu zerstören, wäre eine unentschuldbare Dummheit – die leider stetig begangen wird.

Boreale Nadelwälder und der Mensch Bisher haben die borealen Nadelwälder den größten Teil der menschlichen Geschichte relativ gut überstanden. Sie entgingen der Abholzung, da sie aufgrund der mineralarmen Böden und der kurzen Wachstumssaison für die Landwirtschaft schlecht geeignet sind. Die unermesslichen Weiten der Taiga galten lange als *»last frontier«*. Nur die Nadelwälder Skandinaviens und Kareliens dienten seit jeher bis in den hohen Norden hinauf als Holzlieferanten, wurden aber in vorindustriellen Zeiten naturnah als »Bauernwald« bewirtschaftet. In Alaska, Kanada und Sibirien hingegen wurden die Wälder lange Zeit nur von Pelzjägern genutzt, die Biber, Hermelin, Zobel und Nerz nachstellten.

Auch die Industrialisierung hatte auf die Taiga lange nur begrenzte Auswirkungen. In Russland entstand 1893 beim Bau der Transsibirischen Eisenbahn das spätere Nowosibirsk,

Der Urwald ist in der Regel immer eine Lebensgemeinschaft aus verschiedenen Baumarten. Im borealen Wald dominiert aber zumeist die Fichte.

KOHLENSTOFF-KREISLAUF DER ERDE UND KLIMAWANDEL

Leben auf der Erde ist ohne Kohlenstoff unvorstellbar. Kohlenstoff ist ungeheuer vielseitig. Fette und Kohlehydrate, die unseren Körper mit Energie versorgen, können dies nur dank des in ihnen enthaltenen Kohlenstoffs. Energiereiche Kohlenstoffverbindungen werden bei der Fotosynthese, der wichtigsten chemischen Reaktion der Welt, mit Sonnenenergie aus dem Kohlendioxid der Luft gebildet. Sie sind die Energiequelle des Lebens. Kohlendioxid entsteht beim Abbau von Fetten und Kohlehydraten im Körper sowie bei der Zersetzung toter Pflanzen.

Dies wäre ein geschlossener Kreislauf, würde ihm nicht ein Teil des Kohlendioxids entzogen. Wenn etwa tote Pflanzen bei Sauerstoffmangel nicht zersetzt werden, entstehen Torf und in geologischen Zeiträumen fossile Brennstoffe wie Kohle. Der Kohlenstoffkreislauf in der Atmosphäre ist mit dem Kohlenstoffkreislauf in den Meeren und in den Gesteinen verknüpft. Kohlendioxid aus der Luft löst sich im Meerwasser. Der Kohlenstoff gelangt in die Gehäuse von Meerestieren und wird bei deren Absterben auf dem Meeresgrund abgelagert. Wenn wir durch das Verbrennen fossiler Brennstoffe gespeicherten Kohlenstoff wieder freisetzen, erhöhen wir die Konzentration von Kohlendioxid in der Luft. Dort ist es aber auch ein Treibhausgas – seine Freisetzung ist die wichtigste Ursache des vom Menschen ausgelösten Klimawandels.

Links: **Der erste Schnee des nahenden Winters. Noch hat die Sonne zu viel Kraft und wenige Stunden nach Tagesanbruch ist die weiße Pracht wieder verschwunden.**

Rechts: **In den Herbstnächten beginnt im Norden der lautlose Tanz der Aurora Borealis, die grüne und rote Schleier in den Nachthimmel zaubert.**

heute eine Millionenstadt. In Alaska wurde 1902 im Zuge des Goldrausches die Stadt Fairbanks gegründet, die sich bald zur größten Stadt Alaskas entwickelte (heute leben hier noch gut 50 000 Menschen). Seit den 1970er-Jahren hat der Holzeinschlag in den borealen Wäldern jedoch erheblich zugenommen. Seit der Entwicklung von vollautomatischen Holzerntemaschinen kann ein einziger Waldarbeiter heute viele Hunderte von Bäumen am Tag fällen. So decken die borealen Wälder inzwischen etwa 90 Prozent des weltweiten Bedarfs an Bau-, Möbel- sowie Papierholz. In Skandinavien sind 95 Prozent der einstigen Wälder heute Forste. Große, naturbelassene boreale Urwälder gibt es immer weniger, nur noch in Kanada, Finnland und Russland. Angesichts des Ausmaßes der Wälder wäre eine naturnahe Bewirtschaftung möglich, aber immer noch sind Kahlschläge Standard. Auf kahlgeschlagenen Flächen jedoch können die Böden weder Humus halten noch Wasser absorbieren. Insbesondere an Hängen kommt es daher leicht zu Erosion und Schlammlawinen. In Russland sind nach dem Ende der Sowjetunion viele staatliche Betriebe zusammengebrochen, multinationale Konzerne konnten sich langfristige Abholzungsrechte sichern. Niedrige Löhne im Forstsektor haben die Korruption derart ansteigen lassen, dass etwa die Hälfte des Holzes illegal geschlagen wird. In Kanada wie auch in Sibirien betreffen die Abholzungen oft die Siedlungsgebiete der Ureinwohner, deren traditionelle Lebensweise von Wald, Wild und sauberem Wasser abhängig ist. Der Abbau von Bodenschätzen begann aufgrund des rauen Klimas in größerem Umfang erst in den letzten Jahrzehnten, doch auch aufgrund fehlender Überwachung erfolgt er in den abgelegenen Gebieten oftmals mit veralteter Technik und erheblicher Umweltbelastung. Auch durch den Klimawandel droht den borealen Na-

In Skandinavien sind 95 Prozent der einstigen Wälder heute Forste.

delwäldern Gefahr, zumal die Temperatur in hohen Breiten stärker ansteigt als im globalen Durchschnitt. Borkenkäfer überstehen die nicht mehr so kalten Winter besser und richten immer größeren Schaden an. Waldbrände, oft von Menschen ausgelöst, nehmen in Anzahl und Ausmaß derart zu, dass sie zur ernsten Gefahr werden. Vor allem aber taut der Permafrostboden immer tiefer auf, wodurch der dort gespeicherte Kohlenstoff freigesetzt wird – aufgrund von Sauerstoffmangel in den wassergesättigten Böden in Form des besonders klimaschädlichen Treibhausgases Methan. Solche »positiven« Rückkopplungen (Klimawandel führt zur Freisetzung von Treibhausgasen, die wiederum den Klimawandel verstärken) sind als »Kippelemente« im Klimasystem besonders gefürchtet: Anfänglich relativ kleine Temperaturänderungen können sich dadurch verstärken und das ganze System aus dem Gleichgewicht bringen – ein tödlicher Kreislauf.

Boreale Urwälder und die Lebensräume seltener Tier- und Pflanzenarten müssen in ein umfassendes Schutzsystem aufgenommen werden.

Was wir für die borealen Nadelwälder tun können Intakte boreale Urwälder und Wälder mit einem hohen Schutzwert müssen in ein umfassendes Schutzsystem aufgenommen werden. Die angrenzenden Wälder können naturverträglich und ökologisch nachhaltig bewirtschaftet werden. Forstbetriebe, die sich zur Einhaltung hoher Umweltstandards verpflichtet haben, können sich schon heute nach dem Standard des Forest Stewardship Council (FSC) zertifizieren lassen. In vielen Fällen kann und sollte auf Papier aus Frischfasern ganz verzichtet werden. Recyclingpapier wird aus Altpapier hergestellt und lässt sich für viele Zwecke gut verwenden. Recyclingpapier aus 100 Prozent Altpapier erkennt man zum Beispiel am blauen Umweltengel. Noch besser ist es aber, unnötigen Papierverbrauch überhaupt zu vermeiden, so kann man beispielsweise unerwünschte Werbepost durch einen Eintrag in die Robinsonlisten oder durch einen Aufkleber auf dem Briefkasten reduzieren.

GRAS

LAND

Die Serengeti ist eines der bekanntesten Schutzgebiete der Welt. Dazu haben Michael und Bernhard Grzimek mit ihrem preisgekrönten Film »Serengeti darf nicht sterben« beigetragen.

Savanne

Savannen entstehen in tropischen und subtropischen Gebieten, in denen aufgrund längerer Trockenzeiten nicht genug Regen fällt, um geschlossene Wälder entstehen zu lassen. So besteht die Vegetation hier aus einer offenen Baum- oder Buschschicht über einem geschlossenen, mehr oder weniger hochwüchsigen Grasland. Die meisten Savannen liegen zwischen (zumeist regengrünen) tropischen Regenwäldern und Wüsten entlang des 10. nördlichen und des 10. südlichen Breitengrads. Sie können aber auch bis zum 30. Breitengrad reichen und nehmen etwa ein Fünftel des Festlands ein. Besonders ausgeprägt sind die Savannen in Afrika, wo sie sich von der Sahelzone über die ostafrikanischen Savannen mit der berühmten Serengeti bis hin zum südafrikanischen Veld ziehen. Sie kommen aber auch in Südamerika, Asien und Australien vor.

Das Wort »Savanne« leitet sich vom kreolischen Wort für »weite Ebene, weites Land« ab.

Das Ökosystem Die Entstehung längerer Trockenzeiten in den Tropen ist ein Ergebnis globaler Windsysteme. Die Luft, die unter der am Äquator im Zenit stehenden Sonne aufsteigt, führt zur Entstehung einer Tiefdruckrinne am Boden. Die aufgestiegene Luft zieht in großer Höhe polwärts und kühlt sich dabei ab, wodurch am Rand der Tropen Hochdruckgürtel entstehen. Aufgrund der Druckunterschiede strömt diese Luft dann bodennah wieder zurück in die Tiefdruckrinne, die hierbei entstehenden Winde sind als Passatwinde bekannt. Da die Luft sich auf dem Weg in die Tropen wieder erwärmt, kann sie viel Wasser aufnehmen, regnet es aber nicht ab – Passatwinde sind meist trocken. Wenn die Sonne sich vom Hochdruckgürtel entfernt, schwächen die Passatwinde ab und erlauben das Aufsteigen feuchter Luft, die abregnen kann: Es ist Regenzeit. In den asiatischen Tropen führen Hitzetiefs über dem Festland den Südost-Passat auf die Nordhalbkugel und lassen dadurch intensive Monsunregen entstehen.

Savannen bilden sich, wo in den Tropen und Subtropen die Trockenzeit länger als vier Monate dauert und im Jahr höchstens 1500 mm Regen fallen.

Savannen bilden sich, wo in den Tropen und Subtropen die Trockenzeit länger als vier Monate dauert und im Jahr höchstens 1500 mm Regen fallen. Feuchtsavannen ähneln noch den wechselfeuchten Regenwäldern, aber die Baumschicht ist nicht mehr geschlossen. Dauert die Trockenzeit noch länger und sinkt die jährliche Regenmenge auf unter 1000 mm, entsteht die Trockensavanne. Mit ihrer lockeren Baumschicht prägt sie das typische Bild der Savanne. Bei weniger als 500 mm Jahresniederschlag entsteht die Dornsavanne, die bereits den Übergang zu den Wüsten und Halbwüsten darstellt.

Kennzeichnend für die Savannen ist eine Mischung aus Bäumen und Gräsern. Es fällt so viel Licht auf den Boden, dass eine geschlossene Grasschicht entstehen kann. Savannen sind artenreich, allein in Ostafrika kommen

Links: Der afrikanische Grabenbruch wird auch Rift Valley genannt und zieht sich durch den gesamten östlichen Teil des Kontinents.

Oben: Unweit des Grabenbruchs befindet sich der Natron-See, welcher Millionen von Flamingos als Brutgebiet dient. An dessen nördlichem Ufer erhebt sich in perfekter Symmetrie der Ol Doinyo Lengai, ein aktiver Vulkan und der heilige Berg der Massai.

Oben: **Mittagspause. Ein Leopard hat sich einen ehemaligen Termitenhügel als Rastplatz ausgesucht.**

Mitte: **Die Serengeti und die Masai Mara sind zwei der letzten Regionen auf der Erde, wo noch die großen Tierwanderungen stattfinden.**

Rechts: **Kein anderes Tier ist ihnen ähnlich. Giraffen haben den höchsten Körperbau aller landlebenden Säugetiere der Welt.**

hier über 1000 Grasarten vor. In den Feuchtsavannen werden Gräser über einen Meter, oft sogar über zwei Meter hoch. In der Trockensavanne erreichen sie zumeist höchstens 80 cm Höhe. Die Gräser bilden ein dichtes, aber nur die oberen 10 bis 20 cm durchdringendes Wurzelnetz aus. Damit können sie in der Regenzeit viel Wasser aufnehmen. Die Bäume hingegen wurzeln sehr tief und nutzen das Wasser tieferer Bodenschichten, von dem sie auch in der Trockenzeit profitieren können. Die oberirdischen Teile der Gräser sterben in der Trockenzeit meist ab.

Oft brennt die Savanne dann auch. Feuer entstehen entweder durch Blitzschlag oder durch den Menschen – vor allem durch Hirten, die damit Weideflächen erhalten und verbessern wollen. Savannenpflanzen sind an Feuer angepasst, nach dem Abbrennen wächst sofort junges Gras nach.

Einzigartig auf der Erde ist der Bestand an Großtieren in den Savannen Afrikas: Teils in großen Herden kommen hier Elefanten, Giraffen, Büffel, Zebras, Gnus, Antilopen, Gazellen, Nashörner, Flusspferde und viele andere Arten vor, die als Laub- und Grasfresser von der Pflanzenwelt der Savanne leben. Von ihnen ernähren sich Löwen, Leoparden, Geparden, Hyänen und Schakale. In der Trockenzeit fehlt den Herden

Noch Ende der 1970er-Jahre lebten bis zu drei Millionen Elefanten in den Savannen Afrikas. Ausufernde Wilderei und immer größerer Lebensraumverlust bedrohen heute das Überleben der Dickhäuter.

Rechts: Geier haben ihren schlechten Ruf zu Unrecht. Sie fressen Aas und spielen eine wichtige Rolle im Ökosystem.

DIE BEDEUTUNG NATURNAHER LEBENSRÄUME

Zu den ersten weißen Männern, die Ende des 19. Jahrhunderts die Savannen Afrikas erreichten, gehörten Großwildjäger. Sie fanden ein Paradies vor: Es soll Jäger gegeben haben, die auf einer einzigen Jagd 100 Löwen erlegten. Dieser Jagdeifer blieb nicht ohne Folgen, und bereits 1900 trafen sich Großwildjäger in London, um über den Schutz des afrikanischen Großwilds zu beraten. Die Kolonialmächte richteten mit dem Albert-Nationalpark in Belgisch-Kongo das erste Schutzgebiet ein. Auch im heutigen Serengeti-Nationalpark wurde 1929 ein Wildschutzgebiet eingerichtet. Die einheimische Bevölkerung wurde von vielen Naturschützern nur als Problem gesehen.

Erst später, als Reaktion auf die um 1970 entstehende Umweltbewegung, erfolgte eine Neubesinnung und eine ökologische Begründung des Naturschutzes. Angesichts der Tatsache, dass wir Menschen heute etwa 40 Prozent der Produktion der Erde für uns verwenden, werden natürliche Ökosysteme immer weiter zurückgedrängt. Gerade die bisher noch nicht zerstörten naturnahen Großlandschaften wie die Savanne müssen daher besonders geschützt werden. Der weit verbreitete Traum vom Haus mit Rasen und Blick aufs Wasser geht nach einer Hypothese des Biologen E. O. Wilson auf unsere afrikanischen Vorfahren zurück, für die kurzgefressenes Gras und Wasserlöcher viel jagbares Wild bedeuteten – eine Vorliebe, die sich über Jahrtausende erhalten hat.

aber oftmals die Nahrung, sodass sie entweder mit dem Regen wandern oder sich an dauerhafte Wasserstellen zurückziehen. In den Savannen anderer Kontinente gab es einst eine ähnliche Vielfalt an großen Pflanzenfressern, die jedoch bereits früh durch den Menschen vernichtet wurde.

Der gefährdete Gepard, das schnellste Landtier der Erde, findet in der Savanne einen Lebensraum.

Bedeutung für das Ökosystem Erde Die großen Herden von Pflanzenfressern in den afrikanischen Savannen zeigen es bereits: Savannen sind außerordentlich produktive Lebensräume. In ihnen kommen viel Sonnenschein, zeitweise ausreichende Regenfälle und die Eigenschaften von Grasländern zusammen. Während in den Regenwäldern 90 Prozent der Pflanzenmasse in dauerhafte, aber »unproduktive« Strukturen wie Stämme und Äste eingebaut und nur 10 Prozent der Biomasse jährlich umgesetzt werden, sind dies bei Gräsern 30 Prozent. Den Einschränkungen durch die Trockenzeit zum Trotz sind Grasländer daher ähnlich produktiv wie Wälder. In der Feuchtsavanne werden jährlich bis zu 27 Tonnen Trockenmasse pro Hektar erzeugt. Da ein großer Anteil davon in die unterirdischen Wurzeln geht (die unterirdische Pflanzenmasse kann größer sein als die oberirdische), sind Grasländer neben den Wäldern ein wichtiger Kohlenstoffspeicher. In ihnen stecken mindestens 10 Milliarden Tonnen Kohlenstoff.

Viel höher als in anderen Lebensräumen ist in den Grasländern auch der Anteil der pflanzlichen Produktion, der von Tieren gefressen wird. Dabei spielen nicht nur die großen Herden von Pflanzenfressern eine wesentliche Rolle, sondern auch Insekten – etwa die sprichwörtlichen Heuschreckenschwärme.

Die Savanne und der Mensch Die Savanne ist die Wiege der Menschheit: Die Entstehung offener Savannen brachte unsere schimpansenähnlichen Vorfahren dazu, den aufrechten Gang zu entwickeln – möglicherweise, weil man aufrecht im hohen Savannengras weiter sehen konnte, vielleicht aber

Links: Ein Löwenpärchen bei der Paarung. Die großen Katzen sind Rudeltiere und leiden wie viele andere Großtiere in Afrika unter der Nutzung ihres Lebensraumes als Viehweiden.

Oben: Die Webervögel bekamen ihren Namen wegen ihrer speziellen Fähigkeit, Nester zu bauen.

Links: **Zwei Königskraniche auf dem Anflug zu ihrem Nest.**

Rechts: **Die Massai sind eines der wenigen Völker in Afrika, die bis heute ihre Identität und Kultur in weiten Teilen erhalten haben.**

auch, weil man so Kleinkinder im Arm tragen konnte, während man den Wanderungen der großen Herden von Pflanzenfressern folgte. Diese boten reichlich Fleisch und damit Energie und Nährstoffe, um das immer größer werdende Gehirn unserer Vorfahren zu versorgen. Vor spätestens 500 000 Jahren beherrschten diese auch die Nutzung des Feuers, das ihnen nicht nur die Besiedlung kühlerer Klimazonen ermöglichte, sondern auch die Umgestaltung der Landschaft durch Abbrennen der Savanne. Als der moderne Mensch, Homo sapiens, bei seiner Eroberung der Welt vor 60 000 bis 50 000 Jahren Australien erreichte, brachte er diese Fähigkeit mit, und als europäische Entdecker in Australien ankamen, war das als *»fire stick farming«* bezeichnete Abbrennen von Grasländern derart verbreitet, dass James Cook Australien als »Kontinent des Rauchs« bezeichnete.

In der Sahelzone wurden bereits vor 7000 Jahren Sorghum und Perlhirse angebaut.

Die Savannen sind aber auch bestens für die Landwirtschaft geeignet. Sie sind die am dichtesten besiedelten und landwirtschaftlich genutzten Gebiete der Tropen. Es gibt viel Sonne und in den feuchteren Savannen genug Wasser für den Anbau von Sorghum (dem wichtigsten Getreide Afrikas), Mais, Hirse, Baumwolle, Erdnüssen, Reis, Bohnen und Süßkartoffeln. Die trockeneren Gebiete sind wie die Steppen bestens als Naturweide geeignet. Der Anbau von Pflanzen dient meist der Eigenversorgung. Die Betriebe sind klein und nutzen traditionelle Methoden, nur in Südostasien hat sich der Nassreisanbau in Terrassenlandschaften auch in ehemaligen Savannenflächen durchgesetzt. Die Weidewirtschaft ist oftmals nomadisch und überschneidet sich mit der in den Halbwüsten. Während eine maßvolle Beweidung die Produktivität von Savannen sogar fördert, führt in vielen Gebieten die mit zunehmender Bevölkerung einhergehende Überweidung zur Zerstörung der Grasnarbe und des Bodens. In manchen Savannengebieten, insbesondere in Nordaustralien und Lateinamerika, haben sich in den Savannen auch große Ranchbetriebe mit Rinderhaltung angesiedelt. Aufgrund ihrer guten Eignung für die Landwirtschaft sind große Teile der Savannen durch Ackerbau, Überweidung und das Sammeln von Brennholz gefährdet. Auch in Afrika sind typische, von Großwildarten bewohnte Savannen fast nur noch in Nationalparks zu finden.

Die Savanne gilt als Wiege der Menschheit: Die Entstehung offener Savannen brachte unsere Vorfahren dazu, den aufrechten Gang zu entwickeln.

Was wir für die Savannen tun können

Die Savannen sind einer der verbleibenden naturnahen Großlebensräume, die mit Priorität geschützt werden müssen. Die notwendigen neuen Schutzgebiete umfassen Großlebensräume wie die Regenwälder am Amazonas und am Kongo, Neuguinea, die Wüsten Nordamerikas und die Savannen Afrikas. Dazu kommen Regionen mit hoher Artenvielfalt, in denen die natürliche Vegetation bereits erheblich reduziert wurde (»Hotspots«) und deren endgültige Zerstörung die Artenvielfalt besonders treffen würde. Der gute, alte Natur- und Artenschutz ist also keineswegs unzeitgemäß, sondern sogar aktueller denn je. Vor allem muss auch dafür gesorgt werden, dass die bestehenden Schutzgebiete, die oft das Papier nicht wert sind, auf dem sie ausgewiesen wurden, gestärkt werden, damit sie ihrer Aufgabe tatsächlich nachkommen können.

Die Mongolei ist das am dünnsten besiedelte Land der Erde. Zum allergrößten Teil ist dieses riesige Gebiet mit Baum- und Grassteppe und von Halbwüste bedeckt.

Steppe

Steppe ist die Bezeichnung für Grasländer der gemäßigten, mittleren Breiten. Im Unterschied zu den subtropischen und tropischen Savannen wachsen in den Steppen keine Bäume und Sträucher. Das liegt an längeren Dürreperioden in den Steppen. Ähnlich wie die Kontinentalwüsten entstehen Steppen im Regenschatten von Gebirgen oder weitab vom Meer im Inneren der Kontinente, sie wachsen aber dort, wo es etwas feuchter ist (200 bis 400 mm Jahresniederschlag). Die größten Steppen liegen im Inneren Asiens und im Mittleren Westen Amerikas. Der eurasische Steppengürtel reicht von der ungarischen Puszta bis in die Mongolei, im Westen der USA gehören Prärien und Kurzgrasprärien dazu. Ohne den Einfluss des Menschen würden die Steppen rund 12 Millionen km² bedecken, gut sieben Prozent des Festlands.

Die meisten Steppen sind heute in Getreidefelder und andere Ackerflächen umgewandelt.

In den Prärien des amerikanischen Westens lebten ab dem 18. Jahrhundert Mustangs – Nachfahren von Pferden, die den spanischen Einwanderern entlaufen waren.

Das Ökosystem In den gemäßigten Breiten herrschen überwiegend Westwinde vor. Daher ist es im Regenschatten von Gebirgen wie den Rocky Mountains in Nordamerika oder den Alpen auf der Südinsel Neuseelands trocken. Die Steppen im Inneren Asiens entstehen dagegen in erster Linie durch ihre Lage tief im Inneren des riesigen eurasischen Kontinents, auch wenn Gebirge im Süden dazu beitragen, dass im Herbst der Monsun die Gebiete ebenfalls nicht erreicht. Im größten Teil der Steppen ist es im Winter derart kalt, dass die Vegetation auch aufgrund der Kälte ruht. Im Sommer kann es dagegen sehr heiß werden, aufgrund der längeren Tage ist die Summe der Sonneneinstrahlung dann genauso groß wie in den Tropen. Die starke Einstrahlung sorgt für eine hohe Verdunstung und damit dafür, dass auch in jenen Steppengebieten, in denen der Regen in der Wachstumszeit fällt, die Vegetation unter Trockenheit leidet und keine Bäume wachsen können. So wird auch aus der relativ feuchten argentinischen Pampa eine Steppe.

In Steppen wachsen mehrjährige Gräser und – vor allem in feuchteren Steppen – blühende Kräuter. Je nach Ausprägung kann man die feuchtere Langgrassteppe (auch Feuchtsteppe, Wiesensteppe) und die Kurzgrassteppe (Trockensteppe) unterscheiden. In der Langgrassteppe werden die Gräser über 50 cm (sogar bis zu zwei Meter) hoch, in der Kurzgrassteppe stehen zumeist Gräser mit büscheligem Wuchs, die 20 bis 40 cm hoch werden. Typische Steppengräser bilden deutlich mehr Wurzeln aus als Blätter, darüber hinaus ist das Wurzelsystem sehr fein verzweigt. In Trockenzeiten sterben, wie bei Savannengräsern, die oberirdischen Pflanzenteile ab. Ähnlich wie die Savannen sind auch Steppen produktiv: Mit bis zu 15 Tonnen Pflanzenmasse pro Hektar entspricht der jährliche Zuwachs dem der Wälder gleicher Breite.

Ursprünglich waren die Steppen sehr tierreich. Wie die Savannen beherbergten sie riesige Herden von pflanzenfres-

Links: **Ein junger Steppenadler, der noch nicht fliegen kann, wartet im Schutze des hohen Steppengrases auf die Rückkehr seiner Eltern.**

Oben: **Die Dornod-Steppe in der östlichen Mongolei ist eines der letzten großflächigen Steppengebiete der Erde, die sich nahezu in ihrem natürlichen Zustand befindet.**

Oben: **Tagesanbruch an der mongolisch-chinesischen Grenze, in diesem Gebiet befinden sich über 200 inaktive Vulkankrater.**

Mitte: **Ein Hagelschauer zieht über die Steppe in den Khangai-Bergen und hinterlässt für kurze Zeit einen Regenbogen.**

Rechts: **Im Juli, dem Monat mit den höchsten Niederschlägen, erblüht die Steppe in leuchtenden Farben.**

senden Huftieren. In den eurasischen Steppen lebten Wildpferde und Saiga-Antilopen, in Nordamerika Bisons, Pronghornantilopen und Hirsche, in der Pampa Guanakos und Pampahirsche. Diese großen Weidetiere dehnten die Steppen wohl auch aus, indem sie etwa nach Klimaänderungen durch den Verbiss von Jungbäumen eine Bewaldung verhinderten. Daneben kommen in den Steppen zahlreiche Nagetiere vor: Hasen, Kaninchen und dazu in Nordamerika Erdhörnchen (Präriehunde), in Eurasien Hamster und Ziesel, in der Pampa Meerschweinchen. Kleine Nager wie Wühlmäuse vermehren sich ebenso wie Heuschrecken mitunter massenhaft und können dann einen großen Teil der Vegetation abfressen. Durch ihre Erdbauten tragen die Nagetiere dazu bei, dass Wasser besser in den Boden eindringen kann. Die wichtigste Rolle spielen

aufgrund ihres gleichmäßigen Einflusses aber die großen Pflanzenfresser, die nicht nur die Produktivität des Ökosystems erhöhen, sondern auch seine Artenzusammensetzung verändern. Wo etwa Bisons weiden, wachsen neben den Gräsern viel mehr andere Kräuter. Von den Pflanzenfressern leben auch die Raubtiere. In Nordamerika beispielsweise ist die Prärie Heimat des Kojoten, und überall kommen Greifvögel in großer Artenzahl und Dichte vor.

Über 50 Prozent der Weizenproduktion der Welt stammt aus ehemaligen Steppen.

Bedeutung für das Ökosystem Erde Wie die Savannen sind auch die Steppen mit ihrem noch ausgedehnteren Wurzelwerk wichtige Speicher organischen Kohlenstoffs und wichtige Nahrungsquelle für große Tierherden. Im Unterschied zu den Savannen besitzen insbesondere die feuchteren Steppen aber auch sehr fruchtbare Böden. Diese Steppen sind, insbesondere seit es Traktoren, stählerne Pflüge und Mähdrescher gibt, weitgehend in Ackerland umgewandelt worden: Über 50 Prozent der Weizenproduktion der Welt stammt aus ehemaligen Steppen.

In den USA ist der Erhalt der letzten ungestörten Prärien ein wichtiger Beitrag zum Artenschutz.

Damit tragen die Steppen einerseits wesentlich zur Ernährung der Menschheit bei, andererseits ist diese Nutzung nicht unproblematisch. Für eine dauerhafte Nutzung der Steppen müssen daher auch die noch bestehenden traditionellen Nutzungsformen erhalten und weiterentwickelt werden, weil sie etwa, im Gegensatz zum Ackerbau, den Kohlenstoff im Boden erhalten. Die Steppen zeigen uns, dass auf Dauer nur solche Nutzungsformen der Natur eine Zukunft haben, die die Leistungsfähigkeit natürlicher Ökosysteme nicht beeinträchtigen. Die großen offenen Landschaften der Steppe erinnern uns daran, dass die Natur Raum (und Zeit) braucht, um sich zu entfalten. Ihr diesen Raum zu geben, ist kein Luxus, sondern Grundlage jeder dauerhaften Kultur.

Die Steppe und der Mensch Bald nach der Savanne haben menschliche Jäger und Sammler auch die Steppe genutzt. Während der Warmphasen der letzten Eiszeit bedeckten Steppen eine Landbrücke, die Russland und Alaska verband. Über diese Steppen gelangten Mastodonten und andere Weidetiere sowie ihre Jäger nach Amerika – darunter schließlich der Mensch. In den Steppen der Mongolei leben seit dem 4. Jahrtausend vor unserer Zeit auch Viehzüchter, seit über 3000 Jahren nutzen sie das Pferd als Reittier und begannen eine nomadische Lebensweise. Die bei Kämpfen um gute Weideplätze entwickelten kriegerischen Fähigkeiten dieser Nomaden sollten auch die benachbarten Hochkulturen immer wieder spüren. Nomaden aus der Mongolei griffen beispielsweise immer wieder das Chinesische Kaiserreich an. Im 13. Jahrhundert begannen sie unter Dschingis Khan den wohl bekanntesten Feldzug, der mit der Eroberung Chinas endete. Bald darauf beendeten Feuerwaffen die kriegerische Überlegenheit der Nomaden, die aber zum Beispiel eine zentrale Rolle im Handel auf der Seidenstraße behielten – bis diese durch die neu entdeckten Seewege an Bedeutung verlor. Immer aber blieben den Nomaden ihre Weidetiere.

Links: **Jahrtausende alte Felsgravuren zeugen von einer langen Geschichte menschlicher Besiedlung.**

Oben: **Erreicht man in der Mongolei das riesige Gebiet der Gobi, wird das Gras der Steppe zusehends spärlicher.**

In den Höhenlagen trifft man auch auf die Baumsteppe. In den Khangai-Bergen sind komplette Bergzüge mit Kiefern bewachsen.

Rechts: Grabsteine in Menschengestalt gedenken Stammesführern oder Würdenträgern und können über zweitausend Jahre alt sein.

DER MENSCH UND DAS VERSCHWINDEN DER GROSSTIERE

Dass die Bisons nur knapp der Ausrottung entgingen, ist kein Sonderfall, sondern fast schon die Regel: Wo immer der moderne Mensch nach seinem Aufbruch aus der afrikanischen Savanne neue Kontinente erreichte, starben die großen Tiere aus. Das begann mit der Besiedlung Australiens vor 50 000 Jahren, in Amerika wurden mit der Zeit zwei Drittel aller großen Säugetierarten ausgerottet. Nur in Afrika, wo die Tiere Zeit hatten, sich an den Menschen zu gewöhnen, blieb eine artenreiche Großtierfauna erhalten. Auf den anderen Kontinenten lernten die Menschen zwar, ihre Fauna zu erhalten – aber nur, bis der weiße Mann kam.

Heute fangen auch wir an, die Großtiere zu schätzen. Selbst im dicht besiedelten Mitteleuropa wurden Wisente und Przewalski-Pferde ausgewildert, auch der Auerochse soll nachgezüchtet werden. Bisher kann nur vermutet werden, welche Rolle diese Tiere einst in der Landschaft spielten, ob es etwa auch in Europa offene Landschaften gab. Vielleicht kennen wir in einigen Jahrzehnten die Antwort.

Links: **Auch heute noch leben viele Mongolen in ihren Jurten den nomadischen Lebensstil, wenngleich mit stark abnehmender Tendenz.**

Rechts: **Heute werden Pferde mehr und mehr von Motorrädern »Made in China« verdrängt.**

In der nordamerikanischen Prärie konnte sich die nomadische Lebensweise erst durchsetzen, als die Prärieindianer ab 1730 die von den Spaniern ins Land gebrachten Pferde zur Bisonjagd nutzten. Bald entstand hier eine eigene Kultur, die unser Bild vom nordamerikanischen Indianer prägen sollte. Aber als weiße Jäger und später Siedler die Prärien erreichten, war diese Kultur dem Untergang geweiht. Erst wurden die einst 40 bis 60 Millionen Bisons bis auf einige Hundert abgeschlachtet, dann die fruchtbaren Böden für den Ackerbau genutzt. Als nach dem Bürgerkrieg Rinderzüchter aus Texas in die Prärien zogen, um diese als Weiden zu nutzen, entbrannte der nächste Konflikt, der so manchen Westernfilm beseelt. Die freie Weide konnte sich gegen die siedelnden Farmer nicht durchsetzen. Der Weizenanbau setzte sich auch dort durch, wo es eigentlich zu trocken dafür war. Starke Winde sorgten für heftige Bodenerosion, wodurch viele Gebiete zu nicht mehr nutzbaren »badlands« wurden. Erst die Staubstürme der 1930er-Jahre, die die Great Plains in eine »Dust Bowl« verwandelten, regten zum Umdenken an. Unter anderem wurde Ackerland von einer Fläche, die dem doppelten aller Äcker Deutschlands entspricht, wieder in Weideland umgewandelt. Heute ist der Wasserverbrauch des Weizenanbaus das größte Problem: Der Ogallala-Grundwasserspeicher unter dem Mittleren Westen sinkt jedes Jahr um einen Meter.

Der Weizenanbau im Mittleren Westen ist wegen seines hohen Verbrauchs an Grundwasser womöglich eine »bubble economy«, eine kurzlebige Blase.

In Zentralasien blieb die Umwandlung auf die russische und kasachische Steppe beschränkt, die im Rahmen von Chruschtschows Neulandprojekt in den Jahren 1954 bis 1960 unter den Pflug genommen wurde. Diesem Projekt erging es noch schlechter als seinem amerikanischen Pendant – die größten Teile der Fläche liegen heute brach. Nur in der Mongolei und im Nordosten Chinas gibt es noch riesige naturnahe Steppen. Während der kommunistischen Zeit wurde in der Mongolei versucht, das Nomadentum durch staatliche Kooperativen zu beenden, aber in den weiten Ebenen gelang dies nicht vollständig. Seit dem Ende des Kommunismus führt wirtschaftliche Not zu einem Aufschwung des Nomadentums. Die Zahl der Hirten hat sich in einem Jahrzehnt verdreifacht. Überweidung wird zunehmend zum Problem, große Flächen sind von Verwüstung bedroht. Zusätzlich wollen internationale Konzerne die Bodenschätze der Steppe ausbeuten. Andererseits wurden in jüngerer Vergangenheit Nationalparks ausgewiesen, die Touristen und damit Schutz für wichtige Lebensräume bringen sollen.

Was wir für die Steppen tun können Solange wir nicht gelernt haben, dass auch Landschaften, die nicht unmittelbar Geld einbringen, einen Wert haben, bleibt für den Schutz der letzten verbliebenen Reste der Steppen, vor allem aber der großen Steppen Innerasiens, nur der klassische Naturschutz – die Einrichtung von Schutzgebieten. In den Steppen, die von der traditionellen Weidewirtschaft profitieren, verfolgen die Nationalparks oft das Konzept des UN-Biosphärenreservats: Eine nachhaltige Nutzung, die das Ökosystem erhält, ist erlaubt und sogar erwünscht. Darin besteht etwa für die Mongolei eine Chance, bei ihrer Entwicklung die Fehler der heutigen Industrieländer zu vermeiden und Modelle für die Zukunft zu entwerfen, die zum Vorbild werden könnten.

Warmes Abendlicht streicht über die Tundra am Fuße des Brooks Gebirges im Norden Alaskas.

Tundra

Die Tundra, ein baumloser, mit Zwergsträuchern, Gräsern, einigen Kräutern, Moosen und Flechten bewachsener Lebensraum, bedeckt auf der Nordhalbkugel das große Gebiet zwischen den borealen Nadelwäldern und dem Polareis, auf der Südhalbkugel jedoch nur vergleichsweise kleine Gebiete in der antarktischen Inselwelt. An der Waldgrenze im Norden wechseln sich Tundra und Waldfragmente ab. Obwohl die Tundra eher artenarm ist, ist sie im kurzen Sommer bunt und vielfältig, da alle Lebensprozesse der Pflanzen, vom Austrieb über die Blüte bis zur Samenreife, sich auf wenige Wochen zusam-

Obwohl Schnee viele Pflanzen im Winter vor den tiefsten Temperaturen schützt, halten nur knapp 1000 Blütenpflanzen die winterliche Kälte aus.

Das Ökosystem Eine Tundra (samisch für »baumlos«) bildet sich dort aus, wo der wärmste Monat unter 10 °C warm ist, sodass keine Bäume mehr wachsen können, es aber nicht so kalt ist, dass der Schnee im Sommer nicht mehr schmilzt (wie im Bereich des Polareises). Die Kälte und die Kürze der Vegetationszeit bestimmen den Lebensraum: Obwohl Schnee viele Pflanzen im Winter vor den tiefsten Temperaturen schützt, halten nur knapp 1000 Blütenpflanzen die winterliche Kälte aus. Damit ist ihre Artenzahl in der rund 5 Millionen km² großen Tundra niedriger als in einem einzigen Hektar tropischen Regenwalds. Die Wachstumssaison beginnt nach der Schneeschmelze, wenn sich der Boden kräftig erwärmt, dauert aber nur drei bis vier Monate. Aufgrund des Polarsommers sind die Tage dann jedoch lang, und obwohl viel Sonnenwärme für die Schneeschmelze und das Verdunsten des Schmelzwassers verloren geht, ist die Tundra in dieser Zeit recht produktiv.

Meist dominieren einige wenige Pflanzenarten. Das sind oft Zwergsträucher wie Zwergbirken und -weiden, Preisel- und Krähenbeeren oder aber Wollgräser und Seggen. Für Farbtupfer sorgen zur Blütezeit manche auch in den Alpen wachsende Blütenpflanzen wie Steinbrech und Hahnenfuß. Wenige Arten, etwa der Zwergstrauch *Diapensia lapponica*, kommen nur in der Arktis vor. Die Blütenpflanzen passen sich an die kurze Wachstumssaison an, indem sie oft schon im Vorjahr Blütenknospen anlegen. Wollgräser und Seggen wachsen auch noch in den feuchten Mulden und Ebenen, in denen sich das Wasser sammelt, das aufgrund des Permafrostbodens nicht versickern kann. Diese noch relativ üppige Zwergstrauch- oder Seggen-Wollgras-Tundra wird polwärts von einer spärlicheren Flechten- und Moostundra abgelöst. Den Übergang zum Polareis bildet schließlich eine Frostschuttzone, in der die Vegetation weniger als ein Zehntel des Bodens bedeckt. Hier kommen nur noch wenige Blütenpflanzen wie der Polarmohn vor. Kleinräumig

Links: **Im Sommer taut die Oberfläche des Permafrost-Bodens für kurze Zeit auf. Dadurch bilden sich oftmals fotogene Polygone.**

Oben: **Ein großer Vogelschwarm fliegt über das von Seen und Sümpfen durchzogene Land.**

Oben: **Gänse sind in den kurzen Sommermonaten zu Gast im hohen Norden.**

Mitte: **Karibus sind Herdentiere und ziehen im Laufe eines Jahres über hunderte Kilometer durch das Land.**

Rechts: **Moschusochsen waren in Alaska ausgerottet. Heute leben hier wieder 1000 dieser prächtigen Tiere.**

können durch das Auf- und Abtauen der Böden entstehende Frostmuster, Strukturen wie Pingos (Bodenerhebungen mit Eiskern) und hohlspiegelartige Vertiefungen, aber eine unvermutete Pflanzenvielfalt entstehen lassen. In der Antarktis, wo die Tundra vor allem auf den extrem windigen Inseln vorkommt, ist die Artenvielfalt noch weiter reduziert. Auf der Nordhalbkugel ernährt die sommerliche Pflanzenproduktion viele Pflanzenfresser: Rentiere, Moschusochsen, Lemminge und Erdhörnchen gehören zu den Säugetieren der Tundra, Enten, Gänse, Schwäne und viele Watvögel nisten hier. Von diesen leben Polarfüchse, Wölfe, Hermeline und Greifvögel. Die zu den Wühlmäusen gehörenden Lemminge können beim Bau ihrer Winternester und Sommerwohnstätten viel Erde bewegen. In guten Jahren vermehren sie sich massenhaft und su-

chen dann neue Lebensräume. Dabei kommen zwar viele Tiere um, »Massenselbstmord« begehen sie aber nicht. Noch häufiger als Lemminge sind in der Tundra jedoch Stechmücken, die in den Schmelzwassertümpeln ideale Brutgebiete finden – riesige Mückenschwärme können den Himmel verdunkeln wie Gewitterwolken.

Der Boden in der Tundra ist meist ganzjährig gefroren (»Permafrost«), nur die Oberfläche taut im Sommer.

Bedeutung für das Ökosystem Erde Die Tundra bietet den großen Herden von Rentieren im Sommer genug Nahrung zur Geburt und Aufzucht ihrer Jungen. Vielen Zugvögeln dient sie als Brutplatz. Durch die hohe Feuchtigkeit der Böden wird totes organisches Material nur sehr langsam zersetzt – dadurch ist auch die Tundra trotz ihrer vergleichsweise geringen Produktivität ein wichtiger Kohlenstoffspeicher: Jeder Quadratkilometer Tundra speichert 300 bis 1200 Tonnen Kohlenstoff im Jahr, insgesamt sind hier 50 bis 100 Milliarden Tonnen gebunden. Wie die Steppen sind die Tundren zu-

Links: **Sonnenstrahlen dringen durch Wolkenlücken und zaubern leuchtende Flecken auf die Landschaft.**

Rechts: **Ein arktisches Erdhörnchen erkundet seine Umgebung. Acht Monate im Jahr verbringen die Tiere im Winterschlaf.**

Die Falkland- und die antarktischen Inseln blieben bis zum Eintreffen der Europäer unbesiedelt.

dem noch weitgehend unberührte Großlebensräume. Sie sind ökologisch die Erben der eiszeitlichen Kältesteppen. Wissenschaftler nutzen sie beispielsweise, um die Auswirkungen des Klimawandels auf die Vegetation zu beobachten. Uns allen stellen sie die Frage, ob ein paar Jahre des uneingeschränkten Öl- und Gasverbrauchs mehr es wert sind, dafür solche Landschaften aufs Spiel zu setzen.

Die Tundra und der Mensch Ähnlich wie die Steppe hat der Mensch auch bereits die Vorläufer der Tundra, die eiszeitlichen Kältesteppen, sehr früh genutzt – sobald Fellkleidung ihm das ermöglichte. Als mit dem Ende der Eiszeiten die Taiga nach Norden vordrang, nahm der Druck der Jäger auf die damaligen Pflanzenfresser zu: Wollnashorn, Mammut und Mastodon starben aus. In Europa und Asien wurde im Laufe der Zeit das Rentier domestiziert, die Sami in Europa und sibirische Völker wie Samojeden, Jakuten und Tschukschen halten heute rund 3,5 Millionen Rentiere, eigene Nomadenkulturen entwickelten sich. Die Herden weiden im Sommer in der Tundra, im Winter hingegen leben sie von Rentierflechten in der Taiga. Da das winterliche Futterangebot die Größe der Herden begrenzt und Landwirtschaft aufgrund der Kälte nicht möglich war, wurde die Tundra durch die Nutzung nur wenig verändert. Vor 5000 Jahren erreichten die Vorfahren der Aleuten und Inuit (»Eskimos«) von Sibirien aus über die Beringstraße den Norden Amerikas und Grönland. Sie lebten von der Jagd auf Moschusochsen und Karibus sowie von der Fischerei, später spezialisierten sie sich auf den Fisch-, Robben- und Walfang in Küstengewässern. Das nordamerikanische Karibu wurde nie domestiziert. Feuerland wurde bereits vor rund 10 000 Jahren von Päläo-Indianern besiedelt, die dort als Jäger, Fischer und Sammler lebten. Die Falkland- und die antarktischen Inseln blieben bis zum Eintreffen der Europäer unbesiedelt.

Seit einigen Jahrzehnten ist auch die Nutzung der teilweise reichen Erzvorkommen und anderer Bodenschätze in

Der erste Schnee des nahenden Winters erreicht die Brooks Berge schon Ende August.

Rechts: Mit dem Einsetzen der ersten Frostnächte nehmen die Blätter ihr herbstliches Farbenkleid an.

INDIGENE VÖLKER DER TUNDRA

Im Norden Norwegens, Schwedens, Finnlands und der russischen Kola-Halbinsel leben rund 70000 Sami zumindest zeitweise noch von der Rentierzucht, im östlich angrenzenden Russland rund 40000 Nenzen. Beide Völker bewohnen die Tundra seit mindestens 5000 Jahren, das Rentier wurde vor rund 3500 Jahren domestiziert. Lange Zeit wurde es nur als Last- und Zugtier verwendet. Erst die Entstehung von Staaten im Laufe des Mittelalters und die Steuerpflicht zwangen Sami und Nenzi zur Tierhaltung. Aber die Hirten folgten weiter dem Zug der Rentiere von den Wäldern in die Tundra, zu Fuß oder auf hölzernen Skiern. In den »modernen Staaten« galt ihre Lebensweise jedoch bald als hinterwäldlerisch, in Skandinavien wurde im 19. Jahrhundert sogar die samische Sprache in den Schulen verboten. In der Sowjetunion wurden in den 1920er-Jahren Schulen gegründet, in den 1930ern Rentier-Kolchosen gebildet und die Nomaden weitgehend sesshaft gemacht. Erzabbau und Staudämme beeinträchtigten die traditionelle Lebensweise im gesamten Gebiet. Erst in den 1960er-Jahren wurde, beginnend in Norwegen, das Recht der Sami auf ihre eigene Lebensweise anerkannt. Aber die moderne Welt ließ die Rentierzüchter nicht los: Nach dem Atomunfall von Tschernobyl 1986 mussten 188000 Rentiere getötet werden, der Preis für das Fleisch sank. Das Weidegebiet der Nenzen wird heute von Erdgaspipelines zerschnitten.

Links: **Die Tundra ist ein rauer Lebensraum, der den extremen Temperaturen des Nordens trotzen kann. Trotzdem ist die Erderwärmung für diese Region ein besonders großes Problem.**

Rechts: **Der Indian Summer in seiner schönsten Form. Für wenige Tage im Jahr fällt die Natur in einen Farbenrausch.**

der Tundra technisch möglich. Heute leben rund 2 Millionen Menschen, überwiegend Zuwanderer, in der Tundra, oft in modernen Siedlungen. Das Leben dort ist aufwendig: Häuser müssen im Permafrost verankert und Lebensmittel importiert werden, Wasser kann im Winter oft nur durch Schmelzen von Eis gewonnen werden. Die Tundra ist zudem hochempfindlich. Wird die Vegetation etwa durch Fahrzeuge zerstört, entfällt ihre isolierende Wirkung. Der Boden taut dann im Sommer leichter auf und sackt ab, wodurch sich stetig vertiefende Rinnen mit Schmelzwasser entstehen. Eine einzige Fahrzeugspur kann so große Zerstörung anrichten. Brände, die in der feuchten Tundra von Natur aus selten sind, durch zunehmende menschliche Präsenz und den Klimawandel aber häufiger werden, können enorme Schäden anrichten: In Alaska setzte 2007 ein Großbrand über zwei Millionen Tonnen Kohlenstoff frei.

Hunderte von Lecks setzen jedes Jahr große Mengen Öl in die empfindliche Tundra frei.

Die Situation spitzt sich zu, wenn, wie im Norden Alaskas, unter ungestörter Wildnis riesige Vorkommen an Öl, Gas und Kohle liegen. Unter dem *Arctic National Wildlife Refuge*, das als artenreichstes Naturschutzgebiet in der Tundra gilt, werden mehrere Milliarden Barrel Öl vermutet. Seit Jahren bemühen sich Ölfirmen hier um eine Bohrgenehmigung, um die ebenso lange ein politischer Streit tobt. Genauso wertvolle angrenzende Gebiete wurden aber längst zur Ölgewinnung freigegeben: Das Prudhoe-Bay-Ölfeld ist das größte der USA – und ebenso eines der größten Industriegebiete. Mittels einer Pipeline wird das Öl quer durch Alaska zum eisfreien Hafen Valdez im Süden transportiert. Die Risiken für die Tundra stehen dem Interesse der USA, von Ölimporten unabhängig zu werden, diametral entgegen …

Auch Kurztrips mit dem Flugzeug sind mit einem energie- und klimabewussten Lebensstil nicht zu vereinbaren.

Was wir für die Tundra tun können Die größte Gefahr droht der Tundra durch den Klimawandel und den Abbau von Bodenschätzen. Öl und Gas werden nicht nur in Alaska, sondern auch in der sibirischen Tundra gefördert – und ihre Verbrennung heizt den Klimawandel weiter an. Neben dem konsequenten Schutz zentraler Lebensräume und der bestehenden Naturschutzgebiete trägt daher auch eine Energiepolitik zum Schutz der Tundra bei, die kurzfristig eine sinnvolle Nutzung von Öl und Gas fördert und langfristig fossile Brennstoffe durch erneuerbare Energien ersetzt. Beim Strom ist der Umbau der Versorgung schon beschlossen, Öl und Gas heizen aber auch Häuser und treiben den Verkehr an. Häuser kann man besser isolieren, Wasser mit der Sonne erwärmen, Autos könnten viel leichter und effizienter gebaut werden. In vielen Fällen können Autofahrten auch durch Fahrräder, Busse oder Bahnen ersetzt werden. All diese Veränderungen nutzen nicht nur der Tundra, sondern bereiten uns auch auf das ohnehin absehbare Ende von billigem Öl und Gas vor.

Aus dem flachen, überfluteten Pantanal erheben sich die Berge der Serra do Amular. Besonders aus der Vogelperspektive offenbart die Landschaft ihre eindrucksvolle Schönheit.

Feuchtgebiete

Als Feuchtgebiete bezeichnet man Bereiche des Festlands, die zumindest saisonal wassergesättigt oder überflutet sind. Entsprechend sind Tier- und Pflanzenleben vom Wasser geprägt. Von Seen und Flüssen unterscheiden sich Feuchtgebiete durch das Fehlen eines offenen Wasserkörpers. Oft grenzen sie aber an solche Ökosysteme an: Sümpfe entwickeln sich an Flüssen oder Seen, an der Meeresküste Salzwiesen und Salzmarschen. Andere Feuchtgebiete entstehen durch Grund- und Regenwasser (Moore) oder dort, wo Schmelzwasser auf gefrorenem Boden nicht versickern kann. Feuchtgebiete sind aufgrund guter Nährstoffversorgung sehr produktiv, in ihnen finden Reiher, Sumpfvögel, Reptilien, Amphibien und viele Säugetierarten reichlich Nahrung. Insgesamt bedecken Feuchtgebiete etwa sechs Prozent der Festlandfläche.

Das größte Süßwasserfeuchtgebiet der Erde ist das Pantanal in Brasilien. Es ist so groß wie halb Deutschland.

Sonnentau und Venusfliegenfalle fangen sogar Tiere, um an Nährstoffe zu kommen.

Das Ökosystem Feuchtgebiete sind, wie Flüsse und Seen, nicht vom Klima, sondern vom Wasser geprägte Ökosysteme. Daher finden sie sich nicht in bestimmten Klimazonen, sondern innerhalb der »zonalen« Ökosysteme. Sie entstehen dort, wo Wasser nicht schneller abfließen kann, als es zufließt. Wenn beispielsweise Flüsse oder Seen in flachen Niederungen regelmäßig über ihre Ufer treten, können riesige Gebiete überflutet werden, wie etwa im Pantanal, im Okawangodelta in Botsuana oder im Sudd im Südsudan, die vom Río Paraguay, vom Okawango und vom Weißen Nil gespeist werden. In den Everglades in Florida geht ein Süßwassersumpf in einen vom Meer bewässerten Brackwassersumpf und schließlich in Mangrovenwälder über. Außerhalb der Tropen entstehen in flachen, vom Meer überschwemmten Küstenbereichen Salzwiesen und die stärker verlandeten Salzmarschen. Große, unberührte Salzwiesen und Salzmarschen finden sich noch in der Hudson Bay im nordöstlichen Kanada. Wenn Gebiete dauerhaft wassergesättigt sind, entstehen Moore: Aufgrund des Sauerstoffmangels im Wasser können hier Pflanzenreste nicht vollständig abgebaut werden, sodass Torf gebildet wird. Zum Beispiel können Seen durch absterbende Pflanzen und Sedimente so verlanden, dass die Ufervegetation in das Gewässer hineinwachsen kann. Bei ausreichend Niederschlag können insbesondere Torfmoore über den Grundwasserspiegel hinauswachsen, ein nur vom Regenwasser gespeistes Hochmoor entsteht. Aber auch wenn Quellwasser aus dem Boden austritt oder das Wasser nicht versickern kann, bilden sich Moore (sogenannte »Quell-« bzw. »Versumpfungsmoore«). Solche Moore nehmen aufgrund des dauerhaft gefrorenen Bodens sehr große Flächen in der Taiga ein. Das größte Moorgebiet der Erde liegt in Westsibirien und ist 786 000 km^2 groß – doppelt so groß wie Deutschland. Gebildet hat sich dieses gewaltige Moor allerdings durch Überschwemmungen infolge von Eisstau an den großen Flüssen Ob und Jenissei. Manche Feuchtgebiete sind auch erst durch menschliches Zutun entstanden: in Mitteleu-

Links: Kaimane galten lange Zeit als extrem gefährdet, weil sie wegen ihrer Haut gnadenlos bejagt wurden. Durch gezielte Schutzmaßnahmen konnte sich ihre Zahl, zumindest im Pantanal, wieder stabilisieren.

Oben: Die offenen Savannenlandschaften des Pantanal sind mit vielen saisonalen und dauerhaften kleinen Seen durchzogen. Dieser hier ist mit blühenden Wasserhyazinthen bedeckt.

Oben: **Der Rotbrustfischer ist die größte Eisvogelart in Südamerika.**

Mitte: **Morgendämmerung über einer Flutungsfläche im zentralen Pantanal.**

Rechts: **Ibisse versammeln sich am Ende des Tages in großen Gruppen auf ihren Schlafbäumen.**

ropa etwa die Feuchtwiesen, in Asien Reisterrassen und Reisfelder.

In Feuchtgebieten wachsen alle Arten von Pflanzen, von untergetauchten Wasserpflanzen bis hin zu Bäumen, wie in den Zypressensümpfen der Everglades. Wasser- und Nährstoffreichtum in Feuchtgebieten sind gut für Pflanzen, den Wurzeln jedoch bekommt der geringe Sauerstoffgehalt nicht. Viele Pflanzen, die hier vorkommen, haben daher spezielle Durchlüftungsgewebe, die Sauerstoff zu den Wurzeln befördern. Häufig schützen Überzüge die Blätter davor, sich mit Wasser vollzusaugen (der berühmte Lotoseffekt – das Abperlen von Wasser an den Blättern der Lotosblume – ist nur ein Beispiel). Torfmoose kommen mit dem sehr nährstoffarmen Regenwasser zurecht, da sie nach dem Prinzip eines Ionenaus-

tauschers elektrisch geladene Wasserstoff- gegen Nährstoffteilchen austauschen. Daher sind Hochmoore sauer.

Feuchtgebiete sind gleich nach dem tropischen Regenwald der artenreichste Lebensraum der Erde: Im Wasser leben Fische, Muscheln, Schnecken und andere wirbellose Tiere, diese ernähren viele Reiher, Enten und Sumpfvögel. Amphibien wie Frösche und Lurche und Reptilien wie Sumpfschildkröten, Alligatoren und Krokodile und die größte Schlange der Welt, die Anakonda, finden in Feuchtgebieten einen Lebensraum. Säugetierarten wie Wasserbüffel und Flusspferde leben hier ebenso wie Raubtiere, zum Beispiel der Jaguar. Viele saisonale Feuchtgebiete, die dann überflutet sind, wenn in der Umgebung Trockenzeit herrscht, sind zudem die Wasserquelle für deren Tierwelt. So wandern etwa Elefanten und Gnus in den Trockenperioden in das Okawangodelta und Antilopen in den Sudd, wo dann auch über 400 Zugvogelarten zu finden sind.

Feuchtgebiete sind gleich nach dem tropischen Regenwald der artenreichste Lebensraum der Erde.

Hyazinth-Aras sind mit rund einem Meter Länge die größte Papageienart. Weil sie als Ziervögel sehr begehrt sind, gilt auch ihr Bestand in freier Natur als stark gefährdet.

Rechts: **Die Blätter der Riesenseerose *Victoria amazonica* sind so stabil, dass sie dem Gewicht eines Kleinkindes standhalten können.**

DAS PANTANAL

Das Pantanal, das zum größten Teil in Brasilien liegt, aber zu Teilen auch in Bolivien und Paraguay, wird während der Regenzeit vom Río Paraguay geflutet. Dann steigt das Wasser auf dem Mato-Grosso-Plateau, das sonst von einer trockenen Grassavanne bis hin zu Galeriewäldern mit Arten des tropischen Regenwalds entlang der Flüsse bewachsen ist, um bis zu fünf bis sechs Meter. Gebremst von dieser Vegetation fließt das Wasser auf der kaum geneigten Ebene langsam. Es dauert drei Monate, bis das Hochwasser vom nördlichen Pantanal ins südliche gelangt. In dieser Zeit bestimmen Wasserläufe, Teiche, Sümpfe und Inseln das abwechslungsreiche Gebiet. Dann kommen hier 3500 Pflanzenarten, darunter Wasserhyazinthen und die Seerose *Victoria amazonica*, 300 Säugetier-, 1000 Vogel-, 480 Reptilien- und 400 Fischarten vor. Dazu gehören Capybaras (die größten Nagetiere der Welt), Riesenotter, Große Ameisenbären, Piranhas, Kaimane und Anakondas, Hyazinth-Aras und Tukane. Außerdem gibt es im Pantanal eine der größten Jaguar-Populationen der Erde. Aber auch dieses Paradies ist bedroht – von Pestiziden und Schadstoffen aus Landwirtschaft und Goldminen in der Umgebung, von Millionen Rindern, die in dem Gebiet weiden, und durch Infrastrukturprojekte wie den Ausbau des Paraguay und Paraná zu einem Schifffahrtsweg, über den die Region wirtschaftlich erschlossen werden soll.

Oben: **Wasser in der Savanne des Pantanal. In diesem Fall wird das lebensspendende Nass aber bald wieder verschwunden sein, denn was man hier sieht, sind Reste der starken Regenfälle des Vortages.**

Rechts: **Rotwild im Feuchtgebiet. Trockene und überflutete Bereiche liegen in unmittelbarer Nachbarschaft. Die Wildtiere sind auf das wandernde Wasser eingestellt.**

> **Eine der Ursachen für die Verwüstung von New Orleans 2005 war, dass das Mississippi-Delta schon lange von der Sedimentzufuhr abgeschnitten ist.**

Bedeutung für das Ökosystem Erde Feuchtgebiete sind ein wichtiger Wasserspeicher und Hochwasserschutz. An den Flüssen schützen Feuchtgebiete die im Flusstal liegenden Siedlungen vor Hochwasser bei starken Regenfällen oder Schneeschmelze. Im Unterlauf bringen dabei die abgelagerten Sedimente auch Nährstoffe ins Land und erhalten die Flussdeltas. Da die Pflanzen in den Feuchtgebieten insbesondere Nähr-, aber auch Schadstoffe aufnehmen, reinigen sie das Wasser. An den Meeren schützen Salzwiesen und Salzmarschen vor Sturmfluten. Städte, die wie New Orleans in ehemaligen Feuchtgebieten angelegt wurden, sind hiervon besonders abhängig.

Das in den Feuchtgebieten stehende Wasser versickert im Laufe der Zeit im Boden (wobei es weiter gereinigt wird) und füllt so das Grundwasser auf – Grundwasser, das wir als Trinkwasser, zur Bewässerung von Äckern und in Industrie und Gewerbe nutzen. (Andererseits kann die Übernutzung von Grundwasser Feuchtgebiete auch zerstören, weil viele direkt mit dem Grundwasser verbunden sind und von ihm gespeist werden.) Nicht zuletzt sind besonders die Moore bedeutsame Kohlenstoffreservoire, in denen 500 bis 600 Milliarden Tonnen Kohlenstoff gespeichert sind.

Feuchtgebiete und der Mensch Die Gebiete an Flüssen und Seen sind seit jeher ein bevorzugtes Siedlungsgebiet des Menschen, und vieles, was getan wurde, um die Siedlungen dort vor Hochwasser zu schützen, hat Feuchtgebiete zerstört. Vor allem wurden durch den Bau von Dämmen und Eindeichungen die Überflutungen gestoppt, die diese speisten. Andere Feuchtgebiete wurden gezielt entwässert, um die Flächen für die Landwirtschaft nutzbar zu machen, oder aber, in der Folge, durch Wasserentnahme für die Bewässerung von Feldern. Vor allem an der Küste opferte man einige dem Tourismus – so leidet in Andalusien etwa der Coto de Doñana an der Mündung des Guadalquivir, ein wichtiger Rastplatz für

Links: **Die Halsbandarassari stammen aus der Familie der Tukane. Sie sind kleiner und etwas unscheinbarer als ihre Verwandten, die Riesentukane.**

Rechts: **Auf stehenden und langsam fließenden Gewässern bilden sich oft große Teppiche von Schwimmpflanzen.**

Zugvögel auf dem Weg nach Afrika, unter dem Wasserverbrauch der Feriensiedlung Matalascañas. Der größte Anteil an der Zerstörung von Feuchtgebieten fällt aber nach wie vor der Landwirtschaft zu: In Europa und Nordamerika waren bereits 1985 rund zwei Drittel aller Feuchtgebiete einer intensiven Landwirtschaft zum Opfer gefallen, in Asien ein Viertel. Aber auch die übrigen Feuchtgebiete kamen nicht ungeschoren davon. Infolge von übermäßigem Kunstdüngereinsatz auf den Feldern verdoppelte sich der Zufluss von Stickstoff nahezu, der von Phosphor verdreifachte sich sogar. Das dadurch ausgelöste starke Pflanzenwachstum kann wie in Seen beim Abbau abgestorbener Pflanzen zu Sauerstoffmangel führen.

Die Zerstörung von Mooren macht sechs Prozent der globalen Kohlendioxidemissionen aus.

Anfang der 1990er-Jahre existierte weltweit nur noch rund die Hälfte aller ursprünglichen Feuchtgebiete. Damit waren und sind die Feuchtgebiete das Ökosystem, das am meisten unter dem Einfluss des Menschen leidet. Schon lange vorher hatten Naturschützer bemerkt, dass Zugvögel, insbesondere solche mit langen Wegen, seltener wurden, weil ihnen zunehmend die Rastplätze genommen worden waren. 1971 wurde daraufhin von den Vereinten Nationen die Ramsar-Konvention verabschiedet, eine der ersten internationalen Vereinbarungen im Naturschutz, mit der überregional bedeutsame

Feuchtgebiete geschützt werden sollten. Die angestrebte nachhaltige Nutzung ist aber noch zu oft nur ein Wunschtraum. So werden tropische Sumpfwälder, die bisher nicht landwirtschaftlich genutzt wurden, in jüngster Zeit in großem Umfang urbar gemacht, um dort Palmölplantagen anzulegen – allein in Indonesien waren im Jahr 2008 schon 20 000 km² betroffen. Nur durch die Zerstörung der Torfschicht werden bereits mehr Treibhausgase freigesetzt als bei der Verbrennung von Öl und Gas, mit dem Klimaschutz kann man diese Zerstörung also nicht begründen. Der in Deutschland praktizierte Anbau von Energiemais auf Torfböden weist eine noch viel katastrophalere Treibhausgasbilanz auf.

Die Regeneration von trockengelegten Mooren ist eine der preiswertesten Maßnahmen, um den Ausstoß von Treibhausgasen zu vermindern

Was wir für die Feuchtgebiete tun können Der Schutz von Feuchtgebieten lohnt sich auch wirtschaftlich: So konnte die Stadt New York mit dem Schutz der Wälder und Feuchtgebiete in ihrem Wassereinzugsgebiet in den Catskill-Bergen für 1,5 Milliarden Dollar den Bau einer um ein Vielfaches teureren Wasseraufbereitungsanlage vermeiden. Die Regeneration von trockengelegten Mooren ist eine der preiswertesten Maßnahmen, um den Ausstoß von Treibhausgasen zu vermindern, und natürlicher Hochwasserschutz ist preiswerter und wirksamer als technische Maßnahmen.

Auch vor unserer eigenen Haustür gibt es viel zu tun: In Deutschland sind weit über 90 Prozent der Moore bereits zerstört, die noch intakten inzwischen zwar geschützt, aber weiter durch den Eintrag von Nähr- und Schadstoffen gefährdet. Ebenso gehören Feuchtwiesen und Feuchtwälder zu unseren wertvollsten Lebensräumen, deren Schutz alle Unterstützung braucht. Aber auch im Kleinen lässt sich etwas tun: Blumenerde zum Beispiel besteht meist zu 80 bis 100 Prozent aus Torf, es gibt aber auch torffreie Blumenerde, auf die man beim Kauf Wert legen sollte.

Die Zukunft in unserer Hand

Als die ersten Nachrichten vom Ozonloch und vom Klimawandel uns erreichten, wollten viele sie kaum glauben: Konnte es wirklich sein, dass wir Menschen in der Lage waren, die Erde als solche zu verändern? Beim Ozonloch gab es bald allerdings keinen Zweifel mehr daran, dass die Ursache menschlich war: Fluorchlorkohlenwasserstoffe (FCKW), die es in der Natur nicht gab, die aber industriell hergestellt und als Kühlmittel, Treibgas in Spraydosen und Lösungsmittel verwendet wurden, setzten in Eiswolken über den Polen Chlor frei, das wiederum die Ozonschicht angriff. Beim Klima, einem äußerst komplexen System, waren die Zusammenhänge anfangs weniger deutlich. Inzwischen besteht aber auch hier Einigkeit unter den Wissenschaftlern: Der verstärkt seit etwa 1950 zu beobachtende Klimawandel geht im Wesentlichen auf den Ausstoß von Treibhausgasen durch menschliche Tätigkeiten zurück. Kohlendioxid aus der Verbrennung fossiler Brennstoffe hat daran den größten Anteil.

Der verstärkt seit etwa 1950 zu beobachtende Klimawandel geht im Wesentlichen auf den Ausstoß von Treibhausgasen durch menschliche Tätigkeiten zurück.

Die Forschung zum Klimawandel führte auch zur Entstehung einer ganz neuen Forschungsrichtung, den »Erdsystemwissenschaften« wie der Biogeochemie. Diese nahmen die globalen Stoffkreisläufe und Energieflüsse, also das Ökosystem Erde als Ganzes, in den Blick. Diese neue Forschungsrichtung bestätigte, was dieses Buch beschreibt und mancher Natur- und Umweltschützer schon früher vermutet hatte, aber nicht belegen konnte: Wir Menschen sind inzwischen zu einer Kraft geworden, die sogar die großen geologischen

Kräfte der Erde aushebeln kann. Wir bewegen zum Beispiel mit unserem Bergbau, mit dem Bau von Städten und Verkehrswegen mehr Erde als Wind und Regen. Und wir verändern mit unseren Dämmen den Wasserkreislauf der Erde. Knapp 40 Prozent der nicht vereisten Festlandsfläche dienen unserer Landwirtschaft – und unter anderem sind wir dadurch verantwortlich für ein solch dramatisches Artensterben, das den großen erdgeschichtlichen Katastrophen entspricht. Täglich sterben schätzungsweise 150 Arten aus.

Für viele Geologen hat daher längst eine neue erdgeschichtliche Epoche begonnen: das Anthropozän – die Epoche, in der die Menschheit das Geschehen auf der Erde dominiert. Der Klimawandel und seine möglichen Folgen zeigen, dass wir die Konsequenzen unseres Tuns nicht genau kennen, aber leicht Grenzen überschreiten könnten, die unsere eigene Zukunft gefährden. Wenn zum Beispiel das Polareis schmilzt, kann der Meeresspiegel um einige Meter steigen – und das könnte nach neuesten Schätzungen noch in diesem Jahrhundert passieren. Vorsichtige Wissenschaftler glauben, dass wir bestenfalls die Folgen eines Anstiegs der Kohlendioxidkonzentration in der Atmosphäre auf 350 ppm beherrschen könnten – die Konzentration liegt aber bereits bei 400 ppm. Auch anderswo haben wir womöglich längst planetarische Grenzen überschritten: Der Eintrag von Stickstoff und Phosphaten aus der Landwirtschaft und Abgasen führt dazu, dass nährstoffarme Ökosysteme zerstört werden und es an den Flussmündungen zu Algen-

blüten kommt, die Todeszonen in den Meeren entstehen lassen. Die Luftverschmutzung kostet nach Angaben der Weltgesundheitsorganisation jedes Jahr Hunderttausende von Menschen das Leben.

Begonnen hat diese Entwicklung Ende des 18. Jahrhunderts mit der industriellen Revolution. Vor allem die Nutzung fossiler Brennstoffe – zuerst Kohle, später auch Öl und Gas – befreite die Menschheit von einem Engpass auf ihrem Weg, dem Mangel an Energie. Mit dem Haber-Bosch-Verfahren ermöglichte billige Energie auch die Herstellung von künstlichem Stickstoffdünger und trug so dazu bei, dass heute über sieben Milliarden Menschen auf der Erde leben können. Aber die Emissionen der fossilen Brennstoffe und die übermäßige Stickstoffdüngung hatten eben auch oben beschriebene Folgen.

Der Begriff Anthropozän suggeriert aber auch, dass wir unsere Zukunft selbst in der Hand haben. Wenn wir die Funktionsfähigkeit der natürlichen Ökosysteme zerstören, gefährden wir den Fortbestand unserer Zivilisation. Das notwendige Umdenken – das Funktionieren natürlicher Ökosysteme als Lebensgrundlage für uns Menschen und Rahmenbedingung allen Wirtschaftens zu verstehen – hat wohl begonnen, ist aber noch weit davon entfernt, zu einem entschlossenen Umsteuern zu führen. Zu viele Menschen glauben noch, die Folgen unseres Handelns aussitzen oder gar abstreiten zu können. Leider ist die Reaktionszeit natürlicher Ökosysteme länger als die sozialer Systeme. Die vollen Auswirkungen des heutigen Klimawandels – etwa die Verluste an Polar- und Gletschereis mit deren Folgen – werden erst in einigen Jahrzehnten in vollem Maße eintreten, wenn die großen Eismassen auf die Erwärmung reagieren. Die Profiteure heutigen Handelns können dann längst nicht mehr zur Rechenschaft gezogen werden.

Wir Menschen sind inzwischen zu einer Kraft geworden, die sogar die großen geologischen Kräfte der Erde aushebeln kann.

Wenn wir die Funktionsfähigkeit der Ökosysteme bewahren wollen, müssen wir also vorbeugend und vorsorglich handeln. Es gibt drei Dinge, die jeder Einzelne dazu beitragen kann:

Strategischer Konsum So einkaufen, dass der Rest der Welt nicht darunter zu leiden hat. Auf diese Weise signalisieren wir den Herstellern, dass es uns nicht egal ist, ob ihre Waren fair und sauber produziert werden. Beim strategischen Konsum helfen Siegel, die faire und nachhaltige Herstellung bestätigen, zum Beispiel FSC für nachhaltige Forstwirtschaft, MSC für schonenden Fischfang oder Fairtrade für fairen Handel.

Die richtigen Prioritäten setzen Effiziente Energienutzung, erneuerbare Energien und die biologische Landwirtschaft sind Schlüsselthemen einer zukunftsfähigen Entwicklung. Wer ein Haus hat, kann sein Geld nicht besser anlegen als in Wärmedämmung, alle anderen auf erneuerbare Energien setzen. Diese stehen jedem zur Verfügung. Autofahrten sollten, wann immer möglich, durch Bus, Bahn oder das Fahrrad ersetzt werden.

Die Politik beeinflussen Durch Einzelne sind globale Probleme nicht zu lösen. Nutzen Sie die Informationen in diesem Buch und stimmen Sie bei Wahlen gegen Lobbyinteressen und für das Allgemeinwohl. Beteiligen Sie sich an lokalen und überregionalen Initiativen oder Organisationen, die sich um die Umwelt und unsere Zukunft kümmern.

GREENPEACE
ARCTIC SUNRISE

Taten statt Warten!

Greenpeace: die Kampagnen

»So nicht!«, fand eine Handvoll Leute, als die USA 1971 auf der Insel Amchitka bei Alaska Atomraketen testen wollten. Sie charterten einen kleinen Kutter, hissten ein Banner mit der Aufschrift »Greenpeace« und fuhren los, um sich den Atomtests unmittelbar in den Weg zu stellen. Heute, über 40 Jahre später, ist aus diesen paar Menschen eine Organisation geworden, die sich in über 40 Ländern auf der ganzen Welt gegen die Zerstörung der Umwelt einsetzt. Denn mehr als 2400 Mitarbeiter und knapp drei Millionen Fördermitglieder weltweit sind nach wie vor der Meinung: »So nicht!« So einfach darf man Regenwälder nicht abholzen und Flüsse nicht vergiften; so einfach darf man die Meere nicht überfischen, unser Klima nicht belasten und unsere Lebensgrundlagen nicht zerstören – nein, so nicht!

Wir haben diese Erde nicht geerbt. Wir haben sie von unseren Kindern geliehen. Helfen Sie uns, diese Welt für sie zu erhalten!

2008 / Hamburg: Protest gegen das Kohlekraftwerk Moorburg

2010 / Arktischer Ozean bei Spitzbergen: Erforschung des Klimawandels

2004 / Braunkohletagebau im Rheinischen Revier: Mit einem Ballon gegen den Klimawandel

LUFT

Der Klimawandel ist eine der größten Umweltbedrohungen, denen die Menschheit derzeit ausgesetzt ist. Das Problem ist global, vielschichtig und wird erst zukünftige Generationen in vollem Umfang treffen. Die Bedrohung, die von einem entgleisten Klima ausgeht, ist der internationalen Staatengemeinschaft mittlerweile klar. Es drohen Dürren, Überschwemmungen und der Verlust von Ackerflächen – und in Folge davon Hungersnöte, Landflucht und unendliches menschliches Elend. Der Klimawandel steht ganz oben auf der Agenda der Weltpolitik: In internationalen Konferenzen ringt die Staatengemeinschaft Jahr um Jahr um den Schutz des Klimas. Doch der Lösung kommt sie nicht näher. Denn wer nicht am Klimaschutz verdient, blockiert ihn, wo er nur kann, ob Konzerne, Industriezweige oder ganze Nationen.

Ursache des Klimawandels sind Treibhausgase. Vor allem Kohlendioxid aus der Verbrennung fossiler Energieträger wie Kohle, Öl und Gas heizen die Erdatmosphäre auf. Aber auch Methan aus austrocknenden Mooren oder aus der Rinderzucht kurbelt den Klimawandel an, ebenso wie das Abholzen alter Wälder.

Auslösende Faktoren sind Autofahren, Fliegen, Heizen, Stromverbrauch, Verzehr von Rindfleisch oder überzogener Konsum. Verursacher sind Konzerne, Nationen und natürlich jeder einzelne Mensch auf dieser Welt. So vielschichtig und kompliziert das Problem ist, so vielschichtig muss auch die Lösung sein.

Greenpeace begleitet die Klimadebatte: Seit der ersten Klimaschutzkonferenz 1992 im brasilianischen Rio de Janeiro begleitet Greenpeace die jährlichen Staatentreffen beratend, informierend und mit Aktionen. Mitte der 1990er-Jahre begann die Umweltschutzorganisation, weltweit die Gletscherschmelze zu erforschen und zu dokumentieren. Untersucht wird das rasante Schmelzen des arktischen Meereises und der Gletscher Südamerikas und Europas. Die Dokumentation »Gletscherzeugen« stellt Fotografien der Alpengletscher vom Beginn des letzten Jahrhunderts aktuellen Fotos aus der gleichen Perspektive gegenüber. Die Bilder zeigen mit erschreckender Deutlichkeit, in welch bedrohlicher Geschwindigkeit die Gletscher schrumpfen.

Die Zeichen der Erde deuten: Die globale Mitteltemperatur der Erde steigt so schnell wie nie zuvor. Der Klimawandel wird zu immer häufigeren und heftigeren Fluten, Dürren und Stürmen führen. Trotzdem gründet ein einzelnes extremes Wetterereignis nicht zwangsläufig im Klimawandel. Zu vielschichtig sind die Faktoren, aus denen sich das Wetter zusammen-

2006 / Hitzacker / Wendland: Hilfe bei der großen Elbe-Flut

2009 / Lausitz: Aktion auf dem Kühlturm des Braunkohlekraftwerks Jänschwalde

2005 / am Gotthard / Schweiz: Protest gegen die Klimazerstörung durch Autoverkehr

setzt. Deshalb prüfen Greenpeace-Experten jedes Mal genau, ob ein Hurrikan, ein Hochwasser oder eine Trockenheit durch den Klimawandel verschärft wurde oder nicht. Häufigkeit und Intensität von extremen Wettereignissen, so stellen Greenpeace-Experten fest, haben sich infolge der Klimaerwärmung eindeutig erhöht. Dazu gehören die Elbeflut 2002, der Hitzesommer in Europa 2003 und das Hochwasser 2010 in Pakistan, das 14 Millionen Menschen betraf, 2000 Menschen das Leben kostete und 20 Prozent des Landes überflutete.

Kohleverstromung muss enden: Ein Drittel des weltweiten Kohlendioxidausstoßes geht auf die Verbrennung von Kohle zurück. Kohlestrom ist der klimaschädlichste Strom, den es gibt. Seit 2004 setzt sich Greenpeace deshalb weltweit für einen schrittweisen Ausstieg aus der Kohleverstromung ein, unter anderem 2005 durch Aktionen gegen Kohlekraftwerke in Deutschland, der Türkei und auf den Philippinen. In aufwendigen Simulationen rechnete Greenpeace gewissenhaft vor, dass eine weltweite Energieversorgung ohne dreckigen Kohle- und gefährlichen Atomstrom möglich ist und wie man diese in weniger als fünf Jahrzehnten komplett aus erneuerbaren Energiequellen wie Sonnen-, Wind- und Wasserkraft gewährleisten kann. 2007 und 2009 wurde diese Studie für Deutschland vorgestellt, 2008 erschien eine ähnliche für die ganze Welt. Denn der Umstieg wäre möglich, wenn die Politik ihn wirklich wollte!

Gegen die Ursachen Öl und Autoverkehr: Rund ein Drittel des weltweiten Kohlendioxidausstoßes gehen auf das Konto der Ölverbrennung, hauptsächlich begründet in Transport und Verkehr. Proteste gegen Ölverseuchung durch schlampige Ölförderung zum Beispiel in Russland und Nigeria, Öltransporte über marode Pipelines oder havarierte Tanker gehörten von Anfang an zu den Aufgaben von Greenpeace. Aber es ist auch wichtig, das Problem vom anderen Ende der Kette anzugehen: beim Autofahren. 1997 präsentierte Greenpeace das Drei-Liter-Auto SmILE. Seitdem gab es zahlreiche Kampagnen, um den Verbrauch der Neuwagen zu senken. 2013 zeigte die hartnäckige Arbeit endlich Wirkung: Der weltgrößte Autokonzern VW erklärte, den Kraftstoffverbrauch seiner Neuwagenflotte ehrlich senken zu wollen. Aber für die Zukunft braucht es noch weiter reichende Umstellungen. Jeder muss auf eine möglichst umweltbewusste Fortbewegung achten, wir brauchen weltweit ein klimafreundliches Mobilitätskonzept.

Wer nicht am Klimaschutz verdient, blockiert ihn, wo er nur kann, ob Konzerne, Industriezweige oder ganze Nationen.

1976 / Nord-Pazifik: Schlauchboote fahren vor die Harpunen der Walfänger

1982 / Nord-Atlantik: Greenpeace versucht die Versenkung von Atommüll zu verhindern

2006 / Mittelmeer: Aktion für Meeresschutzgebiete

WASSER

Ozeane sind mit Abstand die größten Regionen dieser Erde. 70 Prozent der Erdoberfläche sind mit Meer bedeckt, oder in Volumen ausgedrückt: Über 90 Prozent aller Lebensräume dieser Welt liegen unter Wasser. Unzählige Tierarten leben hier. Die riesigen Wassermassen regulieren außerdem das Weltklima. Wir Menschen brauchen lebendige und gesunde Ozeane. Ohne sie können wir nicht existieren.

Trotzdem geht der Mensch zerstörerisch mit dem Meer um. Gifte werden eingeleitet, Müll verklappt und ins Meer geworfen. Bodenschätze wie Erdöl, Sand oder Metalle werden dem Meeresboden entrissen, ohne Rücksicht auf die Zerstörung, die das anrichtet. Und der Fischfang hat längst das Terrain nachhaltiger Nutzung überschritten. Mithilfe modernster Technik, gewaltiger Netze und riesiger Fabrikschiffe fangen wir viel mehr Fisch, als nachwachsen kann. Wissenschaftler warnen, dass bis 2048 alle Speisefischarten kommerziell erschöpft sein könnten, wenn sich nicht umgehend etwas ändert.

Greenpeace fordert Fangquoten, die wissenschaftlichen Empfehlungen entsprechen, sowie ein Verbot zerstörerischer Fangmethoden. Außerdem müssen 40 Prozent der Weltmeere als Schutzgebiete frei von jeder industriellen Nutzung ausgewiesen werden. Dort soll sich die Natur selbst überlassen bleiben. In solchen Schutzgebieten könnten sich die Tierbestände erholen und reichhaltige Artengemeinschaften das Rückgrat für gesunde Ozeane bilden.

Wir brauchen das Meer, deshalb braucht das Meer unseren Schutz! Helfen Sie uns, das Meer für unsere Kinder zu bewahren!

Fisch muss nachwachsen können: Bereits 1975 startete Greenpeace seine Wal-Kampagne: Aktivisten fuhren mit Schlauchbooten in die Schusslinie der Harpunen. Auch aufgrund solcher Proteste verbot die Internationale Walfangkommission IWC 1986 den kommerziellen Walfang. 1992 errichtete die IWC ein Walschutzgebiet im Südpolarmeer. Island, Norwegen und Japan jedoch halten sich nicht an dieses Walfangverbot. Deshalb lässt Greenpeace in diesen Ländern bis heute nicht locker. Auch die jahrelangen Proteste gegen Treibnetzfischerei zeigten Wirkung: 1992 wurden sie durch die UN weltweit verboten. Nach Aktionen gegen die Grundschleppnetzfischerei verschärfte die UN 2007 ihre Auflagen. Seit 2002 informiert Greenpeace regelmäßig die Verbraucher, welcher Fisch bedenkenlos ohne Gefährdung der Fischbestände verzehrt

2011 / Komi-Region / Russland: Dokumentation der täglichen Verseuchung durch schlampige Ölförderung

1995 / Nordsee: Greenpeace verhindert die Versenkung der ausgedienten Ölplattform »Brent Spar«

1988 / Antwerpen / Belgien: blockiertes Abwasserrohr von BASF

werden kann und welcher nicht. Seit 2008 versenkt Greenpeace in Nord- und Ostsee Steine, um wenigstens kleine Schutzzonen zu schaffen, denn dank der versenkten Felsblöcke auf dem Meeresgrund sind zerstörerische Grundnetzfischerei oder Sandabbau nicht mehr möglich.

Gegen die Verseuchung durch Öl: Greenpeace hilft bei Ölunfällen wie dem des Öltankers »Exxon Valdez« (vor Alaska 1989) oder der Ölplattform »Deepwater Horizon« (im Golf von Mexico 2010). 1995 konnte Greenpeace nach wochenlangen Auseinandersetzungen verhindern, dass die ausgediente Ölplattform »Brent Spar« einfach im Meer versenkt wurde. 1998 folgte ein generelles Plattformversenkungsverbot im Nordost-Atlantik. Seit 1997 bis heute protestiert Greenpeace mit zum Teil spektakulären Aktionen immer wieder gegen die Pläne verschiedener Ölkonzerne, in immer entlegeneren Regionen wie der Tiefsee oder dem arktischen Meer nach Öl zu bohren.

Aktionen und Erfolge gegen die Vergiftung der Meere: 1989 wurde die **Dünnsäure**-Verklappung in der Nordsee eingestellt. Greenpeace hatte wiederholt dagegen gekämpft. Nach jahrelangen Protesten verbot die London Dumping Convention 1983, **Atommüll** im Meer zu entsorgen – zunächst für zehn Jahre. 1992 beschloss sie ein generelles Verklappungsverbot von radioaktivem und industriellem Müll auf See. Im Jahr 2001 zeigte die Greenpeace-Kampagne gegen die giftige Chemikalie **TBT** in Schiffsfarben Wirkung: Die hochgiftige metallorganische Zinnverbindung, mit der Schiffe angestrichen wurden, um einen Bewuchs durch Algen und Muscheln zu unterbinden, wurde von der Seeschifffahrtsorganisation IMO weltweit verboten. Und 2011 startete eine globale Kampagne zur Vermeidung von **giftigen Chemikalien** in der Textilproduktion, die über die Flüsse in die Weltmeere gelangen. Mit Erfolg: Über 18 internationale Modekonzerne haben sich verpflichtet, bis 2020 auf diese Chemikalien zu verzichten.

Arktis und Antarktis schützen: 1991 wurde die Antarktis komplett unter Schutz gestellt, der Abbau von Rohstoffen wurde für 50 Jahre untersagt. Vorausgegangen waren diesem Erfolg jahrelange Kampagnen zum Schutz der Antarktis. Seit Langem fordert Greenpeace ein ähnliches Schutzgebiet für die Arktis. Mit Aktionen gegen Ölkonzerne, die in die Arktis vorstoßen wollen, und mit Forschungsreisen in die bedrohten Gebiete macht Greenpeace auf die Zerstörung dieses einzigartigen Lebensraums aufmerksam. Bereits drei Millionen Menschen haben sich weltweit für einen Schutzpark Arktis ausgesprochen!

2002 / Nepal: Aktivist birgt deutschen Giftmüll in einem Lager im Kathmandu-Tal

1998 / Kanada: Kinder aus aller Welt protestieren gegen Urwaldzerstörung

1994 / Albanien: Greenpeace entdeckt 350 Tonnen mit giftigen Altpestiziden

ERDE **Dreißig Prozent der Erdoberfläche sind von Festland bedeckt. Es bildet den Sockel, auf dem wir leben, der uns nährt und trägt. Diese Masse Land ist das, was wir vor Augen haben, wenn wir von »Mutter Erde« reden: roter Boden oder schwarzer Lehm, schwer und feucht oder karg und staubig – die Grundlage unseres Lebens.**

Auf diesen Landmassen gibt es unzählige Lebensräume. Sie reichen vom ewigen Eis bis zur Wüste Afrikas, von Mais-Monokulturen bis hin zu artenreichen tropischen Regenwäldern. Die Anzahl der schützenswerten Gebiete ist grenzenlos. Zwei große Bereiche aber haben für Mensch und Umwelt besondere Bedeutung: die landwirtschaftlichen Flächen und die Wälder. Ein Drittel der Landfläche dieser Erde wird landwirtschaftlich genutzt. Diese Flächen ernähren die Menschheit. Wie zerstörerisch oder nachhaltig mit ihnen umgegangen wird, entscheidet über Artenvielfalt, Klimabelastung, Umweltprobleme – und über die Ernährung der Weltbevölkerung. Die Wälder sind quasi die Lunge unseres Planeten. Sie reinigen Luft und Wasser, regulieren das Klima und verhindern Bodenerosion. Das artenreichste Ökosystem an Land ist der tropische Regenwald. Wissenschaftler schätzen, dass hier mehr als die Hälfte aller an Land lebenden Tier- und Pflanzenarten beheimatet ist. Es ist unverantwortlich, diese Lebensräume für industrielle Zwecke wie die Gewinnung neuen Ackerlands oder die Papier- oder Möbelherstellung zu zerstören!

Greenpeace schützt die Wälder: Seit Jahrzehnten setzt sich Greenpeace dafür ein, die Wälder dieser Welt zu retten. Weltweit gibt es noch sieben große, zusammenhängende Urwaldgebiete, die unbedingt geschützt werden müssen: die Urwälder Nordamerikas, der Amazonas-Regenwald, die Bergwälder Chiles, die Wälder im Norden Europas, der Regenwald Zentralafrikas, die Schneewälder Sibiriens und die Regenwälder Südostasiens. Mit mutigen Aktionen stellen sich Greenpeace-Aktivisten weltweit der Kettensäge in den Weg, decken illegalen Kahlschlag und Brandrodung auf. Aber auch Schiffe mit Waren aus Urwaldzerstörung – wie Palmöl aus Indonesien, Papier aus Finnland oder Futtersoja aus Brasilien – werden immer wieder von Greenpeace begleitet.

Mit Erfolg: 2006 stellte die Regierung in British Columbia an der Pazifikküste Kanadas ein Drittel des größten nördlichen Regenwalds – des »Great Bear Rainforest« – dauerhaft unter Schutz. Im gleichen Jahr errichtete die russische Regierung im Kalevalski-Urwald einen 75 000 Hektar großen Nationalpark. 2009 und 2010 stellte die finnische Regierung 250 000 Hektar ihrer einzigartigen Urwälder unter Schutz und rettete so 700 Jahre alte Kiefern davor, als Papier zu enden. Für den Amazonas-Regenwald erstritt Green-

2007 / Brandenburg: Illegale Genmais-Felder bei Strausberg

2012 / Indonesien: Aktion gegen die Abholzung der Regenwälder

2010 / China: Klimawandel trifft oft die Ärmsten der Armen

peace mehrere Pausen: 2006 gab es ein Moratorium, das Soja aus Urwaldzerstörung bannt, 2009 folgte ein Bann für Leder und Rindfleisch aus Urwaldzerstörung. Auch bei der Zerstörung des südostasiatischen Regenwalds für Palmöl gibt es erste Erfolge. So konnte 2010 zum Beispiel der Lebensmittel-Großkonzern Nestlé dazu gebracht werden, kein Palmöl aus Urwaldrodung mehr zu beziehen.

Für eine nachhaltige Landwirtschaft: Lange glaubte man, eine Industrialisierung der Landwirtschaft sichere die Ernährung der wachsenden Weltbevölkerung. So wurden riesige Monokulturen angelegt und massenhaft Pestizide und Düngemittel eingesetzt. Das Ergebnis waren gigantische Umweltprobleme. Böden erodieren, der enorme Wasserverbrauch lässt manche Regionen verdorren. Grundwasser und Flüsse werden vergiftet oder mit Nitraten belastet. Die industrielle Landwirtschaft verursacht ein Drittel aller weltweiten Treibhausgase. Seit fast 20 Jahren fordert Greenpeace deshalb eine ökologische Erzeugung der Lebensmittel. Denn nur so kann die Weltbevölkerung auch in Zukunft ernährt werden.

Konkret heißt das, Greenpeace streitet für Lebensmittel, die ohne Einsatz giftiger Pestizide oder gefährlicher Gentechnik erzeugt werden. Das ist gut für die Verbraucher und die Umwelt. Unterstützt wird Greenpeace dabei von Millionen Konsumenten, die über ihr Kaufverhalten Gen-Essen oder pestizidbelastetem Gemüse keine Chance geben.
Der Erfolg ist deutlich: Bis heute können genmanipulierte Lebensmittel in Europa kaum Fuß fassen. 1999 beschlossen führende europäische Supermarktketten, bei ihren Eigenmarken keine gentechnisch veränderten Lebensmittel zuzulassen. Auch der Plan der Industrie, Gen-Getreide in die Tiernahrung zu mischen, wird immer wieder erfolgreich durchkreuzt. Nachdem erste Lebensmittelkonzerne ihren Verzicht auf Gen-Futter erklärten, trat 2008 die »Ohne-Gentechnik«-Kennzeichnung in Kraft. Jetzt können Verbraucher auch bei konventionell erzeugten Eiern, Fleisch und Milchprodukten zu der Variante ohne Gen-Futter greifen. Nach jährlichen Greenpeace-Tests zur Pestizidbelastung von Gemüse sinkt diese seit 2007 schrittweise. 2009 beschloss die EU ein neues Pestizidrecht: Zukünftig dürfen krebserregende, erbgutschädigende oder die Fortpflanzung beeinträchtigende Pestizide nicht mehr zugelassen werden.

Die industrielle Landwirtschaft versursacht ein Drittel aller weltweiten Treibhausgase.

Markus Mauthe (geb. 1969) ist gelernter Fotograf und hat durch seine Reise- und Abenteuerlust von Anfang an die Naturfotografie für sich entdeckt. In Form von Diaschauen, Buch- und Kalenderveröffentlichungen zeigt er die Schönheit dieser Welt und macht gleichzeitig auf die Notwendigkeit ihrer Erhaltung aufmerksam. Seit dem Jahr 2003 unterstützt er mit seiner Arbeit die Umweltschutzorganisation Greenpeace. Auf Vortragstourneen im gesamten deutschsprachigen Raum begeistert er die Menschen für die Natur. Mit seinen Geschichten ist er zu einem Botschafter für die Bewahrung unserer Lebensgrundlagen und die Ziele von Greenpeace geworden. Im Internet-Blog www.wildview.de berichtet er regelmäßig von seinen fotografischen Erlebnissen. Weitere Informationen über die Arbeit von Markus Mauthe finden sich unter: www.markus-mauthe.de

Jürgen Paeger (geb. 1962) ist Diplom-Biologe. Nach seinem Biologiestudium an der Ruhr-Universität Bochum arbeitete er dort an Forschungsprojekten mit, die sich mit der Verbreitung und dem Schutz gefährdeter Farn- und Blütenpflanzen in Deutschland beschäftigten. Auf zahlreichen Studienreise erkundete er daneben die Ökosysteme der Erde, anschließend gab er seine Entdeckungen einige Jahre lang als Reiseleiter für naturkundliche Wanderstudienreisen mit Schwerpunkt in Andalusien und Brasilien weiter. Seit Mitte der 1990er war er für die Umweltakademie Fresenius als Referent und Berater für betriebliche Managementsysteme tätig, seit 2002 ist er selbstständiger Berater für Umwelt-, Energie- und Sicherheitsmanagement (www.paeger-consulting.de) sowie Autor zu Umwelt- und Nachhaltigkeitsthemen. Im Internet betreibt er die Webseite »Ökosystem Erde – Was Sie schon immer über Mensch, Erde und Umwelt wissen wollten« (www.oekosystem-erde.de).

Weitere Informationen zu Greenpeace: www.greenpeace.de für Deutschland www.greenpeace.org/austria/de für Österreich www.greenpeace.org/switzerland/de für die Schweiz Deutsche Originalausgabe Copyright © 2013 von dem Knesebeck GmbH & Co. Verlag KG, München Ein Unternehmen der La Martinière Groupe Alle Fotografien in diesem Buch © Markus Mauthe/Greenpeace Mit Ausnahme von: Seite 194–199 © Greenpeace: Seite 194–195 von links: Bente Stachowske, Nick Cobbing, Fred Dott, Martin Langer, Christian Schmutz, Michael Wuert Seite 196–197 von links: Rex Weyler, Pierre Gleizes, Roger Grace, Daniel Mueller, David Sims, Lorette Dorreboom Seite 198–199 von links: Chandra Shekhar Karki, Sabine Vielmo, Thomas Henningsen, Paul Langrock/Zenit, Ulet Ifansasti, Lu Guang Karte: Jürgen Paeger Texte: © Jürgen Paeger Bildlegenden: Markus Mauthe Vorwort: © Oliver Salge, Greenpeace Texte auf den Seiten 193–199: © Ortrun Sadik, Greenpeace Layoutkonzept und Covergestaltung: Fabian Arnet, Knesebeck-Verlag Grafik und Satz: Ulrike Vohla, Grafikdesign Storch und Leonore Höfer, Knesebeck Verlag Herstellung: VerlagsService Dr. Helmut Neuberger & Karl Schaumann GmbH, Heimstetten Lektorat: Gundula Müller-Wallraf, München Druck: Printer Trento S.r.l., Trient Printed in Italy ISBN 978-3-86873-582-6 Alle Rechte vorbehalten, auch auszugsweise. www.knesebeck-verlag.de

MIX
Papier aus verantwortungsvollen Quellen
FSC® C015829

Für Leo und Maria.